中国纺织出版社有限公司

## 内容提要

魔方学习中，最令人害怕的莫过于背公式了，然而，如果想要成为一个魔方高手，记忆大量的公式在所难免。那么，如何才能轻松而快速地记住这些公式呢？记忆并非没有捷径，使用记忆法就可以让我们快速记忆魔方公式。

本书结合记忆法，向读者介绍了魔方复原的CFOP四步法以及如何利用故事法快速记住其中涉及的公式。图文并茂的内文与教学视频相互配合，消除读者读不懂公式、上手难的忧虑，让读者在充满趣味的阅读中学会用记忆法牢记魔方公式，让所有人都能学会魔方，并成为魔方速拧的高手！

**图书在版编目（CIP）数据**

魔方玩法宝典：从入门到速拧 / 余国才著. --北京：中国纺织出版社有限公司，2023.5

ISBN 978-7-5229-0315-6

Ⅰ. ①魔… Ⅱ. ①余… Ⅲ. ①幻方—教材 Ⅳ. ①O157

中国国家版本馆CIP数据核字（2023）第020790号

---

策划编辑：郝珊珊　　责任印制：高　涵　　责任印制：储志伟

---

中国纺织出版社有限公司出版发行

地址：北京市朝阳区百子湾东里 A407 号楼　邮政编码：100124

销售电话：010—67004422　传真：010—87155801

http://www.c-textilep.com

E-mail：faxing@c-textilep.com

中国纺织出版社天猫旗舰店

官方微博 http://weibo.com/2119887771

鸿博睿特（天津）印刷科技有限公司印刷　各地新华书店经销

2023年5月第1版第1次印刷

开本：710 × 1000　1/16　印张：14

字数：202千字　定价：78.00元

---

CONTENTS 目录

第一篇
## 介绍篇



第二篇
## 基础篇

第三篇

# 故事法记公式



第四篇

# 进 10 秒冠军篇



# 附录

# 第一篇

# 介绍篇

# 故事法学速拧起源

## 为什么要知道起源呢?

因为知道了起源，能使我们在学习的时候，脑子里面不仅学到了速拧知识,更能清楚地知道为什么速拧还能这样学,了解作者创作的思维和底层逻辑,这样或许对大家今后的学习、创新或者研发会有一些启发。

在抖音上面有粉丝评论说：“真是刷新了我的三观，速拧居然还可以这样学！”是的，可以这样学，而且这样学习更加高效轻松，背公式更容易！

大家好，我是余国才，在这里，我不做自我介绍，而是想和大家讲一下故事法学速拧的底层逻辑和设计思维。

## “魔方”这个只能在电视上见到的“天才玩物”

说到这里就顺便简单说一下,我为什么会想到用故事的形式来学速拧公式。

小时候我在农村上学，能学到的东西几乎仅限课本上的知识，根本接触不到魔方这么“高智商”的玩具，不过那时候我还真见过这个东西——在电视上见过！那时候整个镇都很落后,一个村有一个电视机已经算是很不错了,刚好我们村仅有的一台电视机就在我大伯家，所以只要有空我一定会去大伯家看电视、看电影，一坐下来就是几个小时，从大伯家午饭看到晚饭，顺便蹭一顿饭……有一次看电视，看到一个挑战节目，一个很小的孩子拿着一个三阶魔方，在电视上展示快速复原，那是我第一次见到魔方，并和魔方建立起了最初的缘分。

后来，我经常在电视上看到有人玩魔方，当时我就在想：“玩这个能上电视，一定很了不起，这些人一定都是天才！”，所以“魔方”和“天才”这两个词就这样深深地建立起了联系。以后只要看到魔方我就会认为这个人智商一定很高，是个了不起的人物！所以从那时起，我就觉得魔方不是自己这种穷苦小子能玩的，也不是自己这种智商的人该接触的东西（从这里也看出了自己小时候是多么的自卑）。在我心里“魔方”这个词和“难”“天才”“上电视”“高智商”等词紧密结合在一起，因此我在内心也认为自己绝对不可能会玩魔方。

## 第一次见到魔方

第一次真正见到魔方是在大学毕业进入社会后，在偶然的一次逛超市时，我看到一个人拿着一个魔方在手里玩，我突然觉得他好厉害，我很惊讶地说：“你会玩这个？”那个人不屑地说，这个其实挺简单的，他跟我说：“玩这个要掌握它的公式……”然后他自信地解释了一通，我听得一脸懵，完全没听懂，只记得一句话“玩这个有公式的”，其他的全不记得了，当时我心里在想，公式这个东西不是我能学的，所以听完后，我就微笑着离开了。

## 第一次拿起魔方

第一次接触魔方是毕业后更换工作的缘故，之前我在大学学习的是软件设计专业，所以最开始在做软件设计相关工作，但是没过两年，因为常年面对电脑，眼睛视力直线下降，因此我选择更换行业。正好自己一直喜欢大脑教育这个行业，所以当时就拿着几万块钱的存款来到了广州，找到了该行业的领头人张海洋老师进行大脑课程的学习，在大脑学习的课程上，当时的朱老师负责给我们讲解魔方复原的课程。

刚看到课表上有这样一门课的时候，我愣住了，因为我一直认为自己不可能学会魔方。对于学习魔方我十分恐惧，因此我就抱着“我真的可以学会魔方吗？”心态在进行着学习。

后来，当魔方课程真正开始时，老师给每个人都发了一个魔方，这就是我人生第一次亲手接触到的魔方。经过老师的讲解，我慢慢发现原来我也可以学会魔方，魔方没有我想象中那么难，经过老师的教学和同学的帮助，我几经周折终于把魔方真正学会了，无论怎么被打乱都可以复原了。我突然信心大增，觉得自己什么事情都能做好了，第一次复原魔方的时候我真的太开心了，那种感觉非常奇妙。

## 深深受到脑力训练的影响

在训练大脑的时候，老师主要带我们训练的还有右脑的图像记忆能力，这个能力是改变我人生轨迹的开始。

刚开始学习右脑记忆法的时候，我还不是很习惯，而且感觉不太好用，这是因为当时自己的训练量太小了，导致在使用方法的时候反应不过来，所以不能灵活运用，但是随着训练次数越来越多，终于量的累积产生了质的改变。后来我背数字、单词、课文、古文、诗词等都比之前快了很多倍，突然发现自己的脑子跟“开挂”了一样。

## 魔方和记忆术的结合

后来因为喜欢魔方，我就干脆去教魔方了，学魔方的同学年龄参差不齐，小到两三岁，大到五六十岁，他们的理解能力也有很大的差异，教起来的难度也不一样。

在大量的教学过程中，我发现很多同学学习魔方比较困难，如果和他们讲“上左下右”“上拨下回”这些话，他们几乎听不明白，尤其是比较小的孩子，学一个三阶魔方要花费很长时间。我想改变教学方式，于是联想到了记忆术，我当时就在想：“记忆方法不就是把抽象的信息转化为形象的画面，才能达到过目不忘的程度吗？那我为什么不把记忆法和魔方结合起来呢？”所以我就尝试着把魔方里面的抽象步骤还有枯燥的公式都用形象的比喻以及有趣的故事来替代。实践后发现果然有奇效，很多同学在记忆公式的时候练习两遍就能比较轻松地记下来了，整个魔方的复原步骤也能够完整地联系在一起，学习魔方的速度有了很大的提升。

从之前的一个礼拜学不会，到现在的一个小时就能学完，记忆法的效果实在是不可思议。不仅如此，在课堂上，孩子们也比以前上课更加积极主动了，他们喜欢上了魔方课，教室里面的欢乐也多了很多，因为在教学的过程中，老师夸张的表情和演技，还有夸张的故事情节，十分吸引他们。

## 速拧和记忆术的偶遇

玩魔方的时间越长，接触的高手也就越多，他们慢慢地影响着我，所以我也想提升自己的三阶魔方还原速度，最开始的是狂练手速和观察，但是当我练到三十秒左右的时候已经达到了自己的极限，因为没有人指导，所以就进入了瓶颈期。

我中途也有过放弃提速的想法，所以中途停下来了两个月，但我有一次遇到了一个高手，她只用十多秒就能复原魔方，于是我就暗暗下定决心要把速拧好好地练起来，她能这么快肯定有她的方法，我打听到了这种方法叫CFOP 四步法，学会这种方法就可以轻松三十秒以内还原魔方。当我知道有这个方法后特别开心，但是转头就是一个晴天霹雳，因为我看到，这个方法中足有一百多个公式，而且都是由字母组成，当时我就在想："每个公式都要学习、记忆、训练，再到肌肉记忆，这么多公式，得学到猴年马月？"

但是我自己也知道，既然选择开始就没什么好怕的，于是就开始背公式，每背一条公式就紧跟着练习，有空就训练，但是在学习的过程中，我遇到了很多问题，例如公式太容易混淆了、魔方不好观察，自己反应很慢以及某些步骤很容易出错，甚至记住的公式和对应的情况错位，即这个公式用到了另外一个情况里面等问题。

这个情况持续了很久，当时我记忆公式的速度很慢，这种状态保持了一段时间后，我突然又回过神来，问了自己一个问题："为什么不利用记忆法来记公式呢？"这个问题一问出来，我就恍然大悟，开始着手整理公式，整理手法，然后把公式一个一个地转化为图像以及故事的形式来进行记忆，这样一来，我的进度一下子从"11 路公交"变成了"高铁"，短短几天时间就把所有的公式全部记了下来，而且基本不混淆，当时我自己都夸自己："我怎么这么牛，哈哈！"

## 把故事法学速拧融入教学

我自己虽然把所有的公式都掌握了，但很多同学学习速拧时也面临同样的困恼——公式太难背了，所以我就把整个的 CFOP 的公式都整理了一遍，几乎把每个公式的故事都整理成了课件用来教学。果不其然，在教学的过程中运用起来非常得心应手，学员们掌握的速度非常快，有的甚至超乎我的想象，有个孩子在 3 个小时的时间内竟然可以将所有的公式全部掌握，而且基本能做出来，虽然没有特别熟练，不过已经相当厉害了。没用这个方法时，每节课记几个公式就难得不行，而现在 3 小时学完所有，也就三个课时的时间而已。

后来，在不断的教学实践中，我发现很多故事对不同的学员有不同的效果，需要适当地进行大众化的教学优化，于是在教学的过程中，我也是在不断地进行着优化。经过两年多的教学实践，我最终把这套"故事法学魔方"完整地整理成了一个教学体系，当然这个体系建立在 CFOP 的基础之上，没有 CFOP 也就没有这个课程，所以感恩为 CFOP 这套方法的形成做出贡献的人们。

## 写本书的初衷

全世界正在学习速拧的魔友和想学习速拧的魔友有很多，还有很多正在步入魔方行业的魔友们也会接触到CFOP四步法，只要他们开始学习速拧，就一定会遇到以下问题：

- **公式记不住，容易忘**
- **公式记住了，却容易混**
- **容易把公式张冠李戴**
- **公式太多，要花很长时间去背**
- **因为要背的内容太多，所以很容易半途而废，一旦半途而废，对魔方的兴趣就基本失去了，热情也会熄火，此后再学，效果已经完全不如之前了**

以上种种问题，是学习中必然会遇到的，当然有的同学可以战胜这些困难，但这需要莫大的意志力。考虑到这些问题，我希望能把这一套方法分享出去，让更多的魔友能够轻松速拧，完成自己的魔方速拧梦！希望能帮助更多的人更高效地学到速拧的技巧，也希望能节省更多魔友的学习时间，可以用这些时间来做更多有意义的事情，这就是我编辑本书的初衷。

当然作者的写作水平有限，研发水平同样有限，如果您有更好的想法，或者发现本书存在错误，非常欢迎您的指正。

# CFOP 简介

这是一种三阶魔方的速拧玩法，用中文来说就是四步法，目前魔方复原世界纪录保持者用的也是这种复原方法。四步法具体是哪四步呢？下面向大家详细介绍一下 CFOP 的具体含义。

| 四步法详细说明 | | | | | |
|---|---|---|---|---|---|
| 步骤 | 字母表示 | 英文表示 | 口头语 | 中文名 | 图示 |
| 第 1 步 | C | Cross | Cross | 十字 | |
| 第 2 步 | F | First 2 layers | F2L | 前两层 | |
| 第 3 步 | O | Orientation of last layer | OLL | 顶面黄色 | |
| 第 4 步 | P | Permutation of last layer | PLL | 顶层棱角 | |

整套方法使用的基础公式一共 119 个（这里不涉及其他的一些转化公式，例如 F2L 的非标公式和基础公式的不同方向做法等）。

前两层同时复原（F2L）41 个公式；

顶层黄色复原（OLL）57 个公式；

顶层棱块角块同时复原（PLL）21 个公式。

# 七步法介绍

ONE / 第一步
拼出白色小花

TWO / 第二步
拼出白色十字

TREE / 第三步
复原白色4个角

FOUR / 第四步
复原第二层棱块

FIVE / 第五步
复原顶面黄色

SIX / 第六步
复原顶层角块

SEVEN / 第七步
最后复原顶层棱块

七步法是三阶魔方的一种基础玩法，因为需要学习的公式很少，所以比较适合初学者。

一般学习 7 步法时，只需要学会一个手法和三个基本公式即可掌握，当然也有不同的复原思路，有的玩法仅需要掌握一个上拨下回的手法即可学会初级复原。

如果想提速，就必须学习新的复原方法。比如本书所介绍的 CFOP 复原方法。CFOP 是目前世界上最流行的一种玩法，世界纪录保持者使用的也是 CFOP 复原方法。

如果大家还不会初级玩法，这里也为大家提供了视频教程，可扫描下面二维码进入学习。

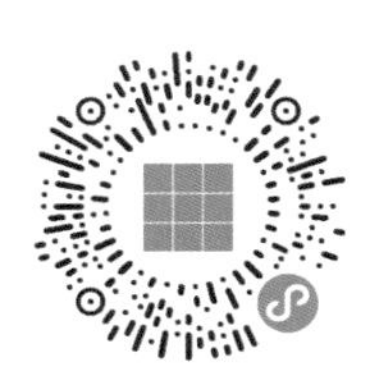

扫码学习七步法

# 编码思维

一种能让复杂的信息变简单的强大
而高效的思维工具！

## 什么是编码思维？

简单来说我所理解的“编码思维”，就是将信息进行再编码的一种能力！为什么要对信息进行再编码？再编码是为了让知识更容易掌握，并且可以让更多的同类学习者更容易地掌握某个内容。至于如何对信息进行再编码，在这里不做详细讨论，后面如果有机会，我会在介绍编码思维的新书中详细地介绍，并且会用各个行业所必须掌握的内容作为例子来进行讲解，让大家在生活和工作的方方面面都用上编码思维，让生活和工作更加高效。

下面会用两个例子来简单介绍一下什么是编码思维！通过例子来理解编码思维或许会更容易一些。

大家或许学习过“记忆术”，或许没有，不管有没有学习过，或许大家都听说过“数字编码”。小时候学习数字，我们用的就是这种编码方式。我们小时候很难理解抽象的概念，家长和老师如果直接教什么是“1，2，3，4……”“a，o，e……”就会无比枯燥，很难让孩子们学进去，所以人们就很聪明地将这些信息进行了转化（也就是再编码），转化成什么呢？他们把这些陌生的数字和字母转化成了一些孩子们见过的、熟悉的东西，比如用火柴代表 1，用鸭子代表 2，用耳朵代表 3；字母拼音 a 用小女孩张嘴代替，b 用口哨代替，c 用月亮代替等。

上面这些就是把信息做了一个加工动作，这个动作就是“再编码”，“编码”这个词用在这里的时候是个动词，指的是对某些信息按照一定的转化方式来进行重新归纳总结，用另外的称呼来命名同一信息。

需要注意的是这里的编码只是对信息的再加工，在需要使用该知识的时候，要将这些编码进行还原，例如，小孩子通过“鹅”记住了 e 的发音和书写，但是在真正使用这个“e”的时候就不能说成是“鹅”也不能画一只鹅出来，而是要说“e”的发音，写的时候也要直接写“e”。

回到前面的记忆术上面来说说编码思维，记忆术里面用得非常多的方法就是“数字编码”，记忆大师们用这套数字编码可以在短短 1 个小时的时间记住 2000 个或更多无规律数字，并且能倒背如流。

其实，记忆大师们用的就是我们小时候的那种编码方式，只不过比我们小时候学习的方式更加系统了一些。

如果没有对数字进行再编码，而是去记忆 2000 个无规律的数字，那将是人类几乎不可能达到的极限。正是因为人们将 1~100 个数字都进行了编码，才会有短时间记忆大量数字的可能。

对于数字他们是如何编码的呢？下面举个简单的例子，例如很多人都记过圆周率，3.14159265358979323846264 3……很多人可以记到小数点后两位数，但是有的人却能记到小数点后面 10 万位，这是一个非常惊人的数据。那他们是怎么利用编码来进行记忆的呢？下面带大家简单记忆一下圆周率的前20位。

首先将数字信息进行再编码：3.14 转化成山顶一寺庙，1592 用一壶酒儿替代，65 是老虎，3589 是珊瑚芭蕉，7932 是气球扇儿，3846 是沙发石榴。然后将编码信息串联到一起：想象山顶一座寺庙里放着一壶酒儿，老虎吃着珊瑚芭蕉，山下飞来气球和扇儿，飞到了沙发上的石榴上。然后将刚才联想的编码还原即可：首先回想起来故事，然后将故事里面的编码还原成数字。怎么样？赶紧尝试一下，是不是非常简单就记住了，而且还能倒着背，这就是编码的强大之处。

怎么样，大家现在对于编码思维这个概念是不是已经有了初步的认识了？

本书就是利用“编码思维”来进行教学的，在魔方复原的过程中，会出现很多手法，而这些手法不止在一个公式里面出现，他们会频繁出现在各种不同的情况当中，那么此时我们就可以将这些手法进行编码，这样的话在后面的学习过程中就能很方便地调用，而且有了名字，我们也就能很快地找到对应的手法和公式了。当我们在记忆公式的时候，只要把对应的情况和这些编码进行组合联想，就能达到一个非常惊人的记忆速度。

例如，有一种情况叫“筷子”，对应的公式里面有三个编码“鳄鱼，推车、大风车”，那么此时我们只需要将“筷子”和“鳄鱼、推车、大风车”进行连接想象即可，我们可以这样想：餐桌上你自己拿着筷子夹起了鳄鱼，鳄鱼吐出一辆推车，推车出来的时候带着一阵风。这样就记住了这个公式，以后看到“筷子”这一情况的时候，就知道要先做“鳄鱼”手法，再做“推车”手法，最后做“大风车”手法。当然你需要提前将这三个基础的编码掌握好，掌握这些编码也非常简单，就像数字 1 像一棵树，2 像一只鸭子一样，因为是通过形象的方式或有意义的方式来进行编码命名的，所以会比较容易掌握，当你积累了一些编码基础之后，再来背公式，就会验证“磨刀不误砍柴工”的真理了。

对于编码思维就先介绍到这里了，如果大家有什么疑问，到抖音或者其他平台上搜索“大鱼教魔方”就能找到我，随时欢迎大家提问哦！

# 目标制订

## 确定学习目标

为什么要确定学习目标?

很多同学问,拿起魔方来训练不就好了吗?干吗弄得这么麻烦?同学会问这个问题也是可以理解的,因为有的同学可能平时做事情的时候不怎么需要设立目标,但是有目标和没有目标的训练过程是有非常大的差别的。那么,平时学习到底要不要设立学习目标或者说训练目标呢?答案是肯定的,一定是确立好了学习目标之后才能更有效地开展学习,下面来和大家说明设立目标的必要性。

**“目标”能极大提高你的学习效率。**

我们一起来看一个故事:

**乌鸦与孔雀**

在很久以前,森林里住着一种最美丽的鸟——乌鸦,还有一种最丑陋的鸟——孔雀。但孔雀比乌鸦勤劳能干,乌鸦懒惰、笨拙、自私,不管别的小动物家里有什么困难,乌鸦都不会关心。

有一天,大象婆婆一不小心掉进一个大坑里,她拼命地叫着:“救命啊,救命啊!”这时候孔雀听见了,赶忙跑到乌鸦家,看到乌鸦,气喘吁吁地对乌鸦说:“乌鸦姐姐,大象婆婆不小心掉到一个大坑里了,我一个人救她力量不够,你帮我一起去救她吧。”这时候乌鸦抖了抖她鲜艳的翅膀,说:“我哪里有时间,要是有时间我应该把自己保养得更美丽一点。”

无奈孔雀只好独自赶去,她想方设法,通过1个小时的努力,终于把大象婆婆救出来了,大象婆婆万分感谢,并称赞孔雀说:“孔雀小姐,你真是既聪明又善良,太感谢你了!要是没有你的帮忙,我都不知道该怎么办了。”孔雀说：“这有什么好谢的？这是我应该做的。”

孔雀的做法感动了上天，于是上天决定将乌鸦的美丽翅膀转移给孔雀，于是孔雀不仅有着善良的心灵还有了上天赋予她的美丽翅膀。从此，孔雀成了鸟类中最美丽的鸟，而乌鸦成了一身漆黑的鸟。

看完上面的小故事之后，请你回答下面的问题。

问题：请问文中一共出现了几次乌鸦，几次孔雀？

请先不要着急去文中找答案，因为这里主要是想让大家体验一下有目标的感觉和没有目标的感觉。

上面的这个问题，几乎没有人能答出来，除非……

**【重点】**除非你一开始就知道自己看这个故事的目标，然后带着这个目标去寻找答案，这样你就会抛开与目标无关的信息，全身心地、从头到尾地计算文中出现孔雀和乌鸦的次数。

下图是魔方还原用时的不同段位，时间越短，段位越高。

读者朋友们可以检测出自己的段位，在对应段位后打钩哦！

大家还可以根据自己目前的段位，设立新的目标哦！

# 针对目标设计训练计划

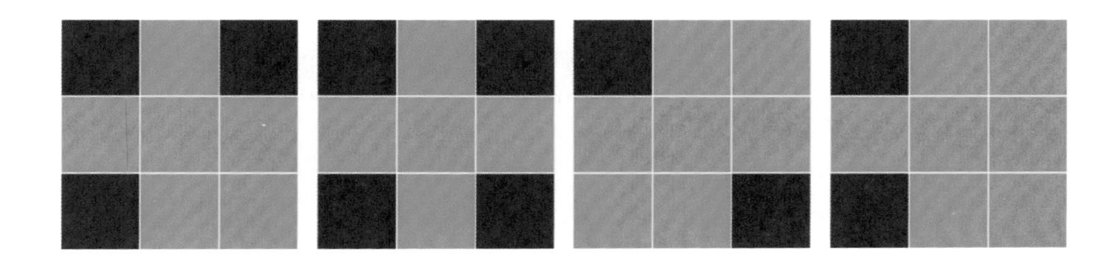

1. 此处填写你的目标 ________________________（可填写目标具体是多少秒或者填写段位名称，例如目标 20 秒，或者第六阶段）。

2. 每天每个公式训练__________遍（建议最少 50 遍）。

注：如果熟悉的公式已经做得很快了，可以减少训练量！

3. 每天背诵__________个公式！

4. 预计__________天达到下个阶段！

# 参考训练计划

1. 每天每个公式训练__100__遍（建议最少50遍）。

注：如果熟悉的公式已经做得很快了，可以减少训练量！

2. 每天背诵__10__个公式！

3. 预计__10__天达到下个阶段！

注：非常熟悉的公式可以要求自己在2秒内做出来！

# 大师提速秘籍

| 提速核心 | 训练技巧 | 提速原理 |
| --- | --- | --- |
| 熟练度 | 记录不熟练的情况和公式，进行针对性训练。熟悉的少练，不熟悉的多练 | 对每种情况的熟悉程度不同，越熟悉反应就越快，如果看到情况反应不出来，就说明熟练度需要加强 |
| 连贯性 | 在熟练各个情况的前提下，适当放慢复原的速度，让自己有时间观察下一步的情况，从而使这一步和下一步衔接起来 | 前一个步骤和下一个步骤中间停留的时间越短越好 |
| 四向公式 | 除了 CFOP 四步法基础的公式以外，还可以自己积累更多的从不同方向处理相同情况的公式，这样会让你复原魔方更加得心应手 | 针对一个公式，不同的摆放就会有不同的做法。例如下面的小鱼情况，四个方向有四个方向的做法 |

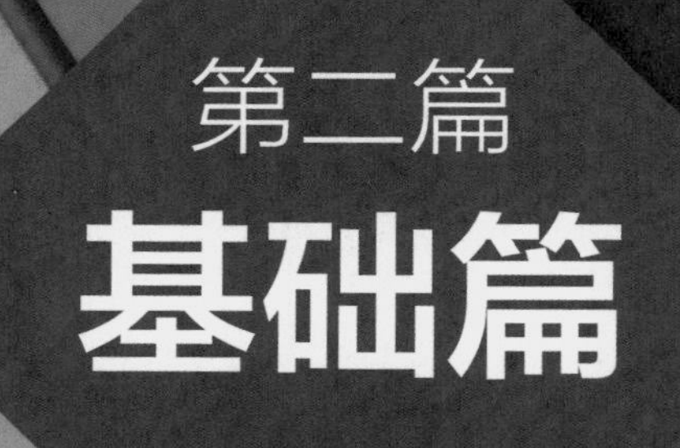

第二篇

# 基础篇

| 本章学习目标 | |
|---|---|
| 序号 | 目标 |
| 1 | 知道每个转动步骤的中文名称。<br>例如：R 的名称是上，U 的名称是拨，U’的中文名称是回 |
| 2 | 能快速反应出每个转动步骤的做法。<br>例如：看到 F 就知道是右手勾 |

# 故事法记公式详细介绍

如果单纯利用字母来记忆公式会非常痛苦，因为很多公式字母非常多，比单词都难记，例如下面这个图中的“一堵墙”情况（这个名字是我取的，大家也可以这么称呼），他的公式字母表示为：R’U’F’RUR’U’R’FRRU’R’U’RUR’UR，一共19个字母，比单词还要长（大家想要做出这个情况，首先需要将魔方复原之后再按照这个公式做一遍就可以得到了），而且字母都是重复出现的，所以很容易混淆。还有就是很多公式的情况看起来一样，实战复原的时候就容易张冠李戴。传统的方法难记、易混淆、容易忘记。有的人说我可以长期坚持学习，一点一点地积累，当然这种办法是可行的，但如果你希望用一定的方法帮你快速掌握CFOP所有的情况，就可以使用接下来本书要向大家介绍的方法了。

不知道字母所代表的含义的同学，本书后面有字母详解供大家对照学习。

上面的公式看起来很长，但是有一定的规律，例如我们可以先分段：R’U’F’，RUR’U’，R’FRRU’R’U’，RUR’U，R 将公式分成几段之后再进行肌肉记忆是不错的一种方法，但是这样还是避免不了混淆，还是会比较难记。故事法的妙处就在于，我将这里的很多步骤，以及很多固定的组合手法都进行了固定的编码，例如上面公式中出现的“RUR’U’”这四个步骤组合在一起形成了一个中文名叫“上拨下回”的手法，有的人也叫他“上左下右”，这个都没关系。不过这样的称呼不利于记忆，因为比较抽象，所以我给这个手法取了另外

一个名字叫“鳄鱼”，为什么取名叫鳄鱼？因为做这个公式的时候，手的拿法特别像鳄鱼嘴巴，所以就联想到了鳄鱼。“鳄鱼”这个词画面感很强，很形象，所以以后只要说到了“鳄鱼”，大家就都知道要做“RUR’U’”这个手法了。

然后我们继续看上面公式中的“R’FRRU’R’U’”这几个步骤，我给他取名叫“大风车”，因为这个手法中间有个“RR”组合，“RR”代表右手转180°，像个风车一样转得很顺，所以就联想到了大风车。

其他的编码在这里就不细讲了，因为后面还有专门的章节来介绍编码，以及编码的使用，我们再来看上面公式中的“RUR’U”这个手法，他的中文名叫“上拨下拨”，我将他命名为“抹布”，为什么叫抹布呢？因为当我想到上面拨一下、下面拨一下的动作，就想到了拿着抹布上面抹一下，下面也抹一下的场景，所以就将它命名为抹布。

在上面公式中还有最开始的“R’U’F’”这三个字母，这个没有用编码，而是通过三个字母的中文名字进行了联想，“R’U’F’”中文名是“下回推”，通过这三个汉字，我想到了一个画面“下来回头推一下”。

下面用一个表格总结一下：

| 手法字母 | 手法中文名 | 手法编码 | 编码图像 |
|---|---|---|---|
| R’U’F’ | 下回推 | 转化成图像 | — |
| RUR’U’ | 上拨下回 | 鳄鱼 | |
| RUR’U | 上拨下拨 | 抹布 | |
| R’FRRU’R’U’ | 下勾 180° 回下回 | 大风车 | |

当你熟练知道上面的编码以后，就可以利用编码轻松并快速地记忆公式了，还是利用上面的公式“一堵墙”来做例子讲解。

具体的记忆步骤如下：

首先，看到魔方上面呈现的情况是“一堵墙”。

然后，将公式转化为编码：下回推 + 鳄鱼 + 大风车 + 抹布。（注意：这里最后还有一个 R，我没有转化，因为做到最后一步的时候很容易就能看出来需要做一个右手的上，所以就不需要单独记忆了。）

最后，将魔方的情况和转化的编码进行联想就可以了。

联想：想象此时你站在一堵墙上面，然后你从墙上下来，回头看了一眼，发现墙要倒，于是你就用手推了一把，结果从墙里面爬出来一只鳄鱼，鳄鱼从鼻孔里面喷出来一阵风，这个风吹动了大风车，吹得你一身灰，于是你用抹布擦干净身上的灰。

完成上面的联想记忆后，接下来就是进行回忆提取了，你只需要看着魔方上的这个情况，按照顺序来逐步回忆出上面故事中所包含的编码即可。接下来我们一起来回忆一下，首先是下来回头用手推，推出鳄鱼，鳄鱼喷出一阵风，抹布擦灰尘。这样就能联想到所有步骤了。

作者提醒：有的同学肯定会说：有这功夫我早就记住了！是的，你说得也没错，你是记住了这个公式，但是你会比较快地遗忘，复习起来也会更费劲，而且一旦公式背得多了，就会开始出现混淆的现象了。只要公式量增加了，记忆就会变得很困难。但是利用故事法记忆就不一样，有一句话叫磨刀不误砍柴工，熟练上面的编码就相当于是在磨刀，等你熟练掌握编码之后，这些编码会贯穿到很多公式当中去，后面很多公式都可以利用编码来实现轻松记忆，例如后面会学到“锄头公式”“筷子公式”“蝴蝶公式”“大森林公式”等，都是字母很多的，但是利用编码就会极大减少记忆内容，并把记忆内容变得更加有趣，更加易记，所以大家如果想快速掌握 CFOP，就要从掌握基础编码开始。

切记：一定要先掌握好编码，然后再进行公式的学习和记忆。这样才能事半功倍，才能做到短时间积累大量的公式。

# 单个手法编码详解

单个手法指的是单独转动一下的名称，例如前面的面顺时针转动 90°，这样说起来太麻烦了，所以就简化为“勾”，用字母表示就是“F”。再比如我们把顶面面对自己，顶层也就是第三层顺时针转动 90°，就叫作“拨”，用字母表示为“U”。

下面把所有的步骤的单个叫法用表格呈现给大家。注意这里的手法都指的是用右手来做的，如果用左手来做应该怎么做呢？其实左手和右手是相反的，只不过把右手的每个手法换做是左手来做而已，例如左手的勾就是用左手的大拇指将前面一层逆时针转动一下，右手的勾就是用右手的食指勾动一下，如下图。

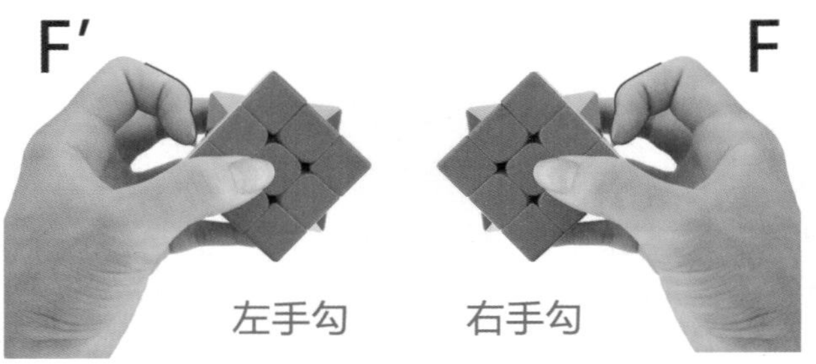


后面的表格中会详细说明每个转动的名称，希望大家在看完两遍之后都能做出来，你可以问自己：勾怎么做？推怎么做？拨怎么做……边问边做，直到每个手法都能做出来。

| 单个手法名称（左手手法） | | | | |
|---|---|---|---|---|
| 名称 | 字母 | 名称说明 | 做法 | 图示 |
| 上（左手） | L' | 左边一层逆时针 90°（从左往右看） | 左手上 | |

续表

| 单个手法名称（左手手法） | | | | |
|---|---|---|---|---|
| 名称 | 字母 | 名称说明 | 做法 | 图示 |
| 下（左手） | L | 左边一层顺时针 90°（从左往右看） | 左手下 | L |
| 拨（左手） | U’ | 顶一层逆时针 90°（从上往下看） | 左手食指拨 | U’ |
| 回（右手） | U | 顶一层顺时针 90°（从上往下看） | 右手食指回 | U |
| 勾（左手） | F’ | 前面一层逆时针 90°（从前往后看） | 左手食指勾 | F’ |
| 推（左手） | F | 前面一层顺时针 90°（从前往后看） | 左手大拇指推 | F |

| 单个手法名称（右手手法） | | | | |
|---|---|---|---|---|
| 名称 | 字母 | 名称说明 | 做法 | 图示 |
| 勾（右手） | F | 前面一层顺时针 90°（从前往后看） | 右手食指勾 | F |
| 推（右手） | F’ | 前面一层逆时针 90°（从前往后看） | 右手拇指推 | F’ |
| 上（右手） | R | 右边一层顺时针 90°（从右往左看） | 右手上 | R |

续表

| 单个手法名称（右手手法） | | | | |
| --- | --- | --- | --- | --- |
| 名称 | 字母 | 名称说明 | 做法 | 图示 |
| 下（右手） | R’ | 右边一层逆时针 90°（从右往左看） | 右手下 | R’ |
| 回（右手） | U’ | 顶一层逆时针 90°（从上往下看） | 左手回 | U’ |
| 拨（右手） | U | 顶一层顺时针 90°（从上往下看） | 右手拨 | U |
| 踢（左手） | D | 底下一层顺时针 90°（从下往上看） | 左手踢 | D |
| 按 | M | 中间一层顺时针 90°（从左往右看） | 食指按 | M |
| 顶 | M’ | 中间一层逆时针 90°（从左往右看） | 无名指顶 | M’ |

# 故事法编码

［注：本节是重点中的重点，是必须掌握的部分］

| 本节学习目标 | |
|---|---|
| 序号 | 目标 |
| 1 | 知道每个手法的做法 |
| 2 | 牢记每个手法的编码 |

## 什么是手法编码？

我们先看一下什么是手法，手法就是在复原魔方的过程当中，用起来很顺手的一些步骤的组合，以及这些组合的使用方法或者做法。如果我们复原魔方的时候没有手法，单靠一个个步骤去复原魔方，这样就很没有节奏感，而且感觉很呆滞，速度也自然会很慢。大家如果不理解也没关系，不用纠结具体的概念，只要你知道哪些是手法就可以了，下面会向大家详细介绍的。

这里说的手法是一些很简短的步骤组合，而且这些组合会在很多公式里面经常出现甚至重复出现，例如“RUR’U’（上拨下回）”这个手法，有的公式中能出现到两三次之多，具体什么公式，后面大家学到背公式的环节就知道啦！

**编码记忆技巧：**可以在背公式的时候，看看公式里面遇到了什么编码，然后回过头来看这些编码所对应的做法和名称，这样也可以有针对性地记忆。

下面我把我 8 年教学经验总结出来的手法编码全部用表格的形式给大家展示出来，大家一定要牢牢记住。记住这些编码其实很简单，因为我给每个编码都编了一个由来，所以大家记编码的时候，要重点看编码原因，这样就可以很快通过联想记住。

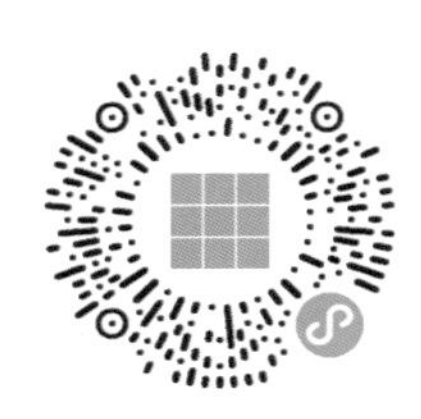

| 手法编码必备 | | | |
|---|---|---|---|
| 手法 | 编码 | 编码原因 | 手法对应字母公式 |
| 上拨下回 | 鳄鱼 | 拿法像鳄鱼嘴 | RUR’U’ |
| 拨上回下 | 尾巴 | 和鳄鱼嘴手法相反<br>所以想到了尾巴 | URU’R’ |
| 下勾 180° 回下回 | 大风车 | 风车 180° 转动 | R’F R2 U’R’U’ |
| 上拨下推 | 推车 | 取最后一个“推”字 | RUR’F’ |
| 下勾上推 | 钩子 | 取第二个“勾”字 | R’FRF’ |
| 下下勾上推 | 大钩子 | 向下两下所以叫<br>“大钩子” | R’R’FRF’ |
| 上拨下拨 | 抹布 | 转化成上抹下抹 | RUR’U |
| 上两层拨下拨 | 厚抹布 | 小抹布转化过来 | rUR’U |
| 上回下回 | 书包 | 回想到学生背书包回家 | RU’R’U’ |
| 上拨拨 | 树 | “上”字，想到上树 | RUU=RU’U’ |
| 上两层拨拨 | 双头树 | 从上面的树演变而来 | rUU=rU’U’ |
| 下拨拨 | 夏伯伯 | “下”想到姓夏的伯伯 | R’UU=R’U’U’ |
| 下两层拨拨 | 双头夏伯伯 | 通过夏伯伯引申而来 | r’UU=r’U’U’ |
| 拨拨 | 婆婆 | 拨拨听起来像婆婆 | UU 或 U’U’ |
| 勾上拨下回推 | 开小汽车 | F 是转动前面，像方向盘 | F RUR’U’ F’ |
| 勾两层上拨下回<br>推两层 | 开公交车 | 和小汽车相同，不同的<br>是 F 的大小写 | f RUR’U’ f’ |
| 衍生编码 | | | |
| 手法 | 编码 | 编码原因 | 手法对应字母公式 |
| 上两层拨下回 | 双头鳄鱼 | 由鳄鱼演变而来 | rUR’U’ |
| （右单层 180° ）<br>上上拨下回 | 大鳄鱼 | 利用鳄鱼来记忆，只有<br>第一步不一样，右边一<br>层要转两下 | RRUR’U’ |
| 下两层勾上推 | 双头钩 | 由勾子演变而来 | r’FRF’ |

续表

| 衍生编码 | | | |
|---|---|---|---|
| 手法 | 编码 | 编码原因 | 手法对应字母公式 |
| 上回上回 | 美女 | 想象你上去回头看，他上去也回头看，看什么呢？看美女呀！ | RU’RU’ |
| 下回下回 | 帅哥 | 想象你下去回头看，他下去也回头看，看什么呢？看帅哥呀！ | R’U’R’U’ |
| 上拨上拨 | 小狗 | 想象你上去拨一下，他上去也拨一下，拨什么呢？拨小狗呀！ | RURU |
| 下拨下拨 | 小猪 | 想象你下去拨一下，他下去也拨一下，拨什么呢？拨小猪呀！ | R’UR’U |
| 上拨上 | 主播 | 一个主播上播时很伤心 | RUR |
| 上拨下 | 小虾米 | 上楼上拨动一下小虾米 | RUR’ |
| 下拨上 | 播种 | 想象你下到田里播种，然后上到岸边 | R’UR |
| 下拨下 | 大龙虾 | 下到河里拨动一下大龙虾 | R’UR’ |
| 上两层拨下两层 | 防弹玻璃 | 因为要上两层再拨，所以玻璃很厚，想到了防弹玻璃 | rUr’ |
| 上两层回下两层 | 大海 | 想象上回下海的时候 | rU’r’ |

## 自我检测

编码记住后，大家可以进行自我检测，检测的时候大家可以用纸或用手挡住需要检测的部分，然后回忆，注意回忆的时候要拿魔方来实践。在魔方复原的状态下，大部分手法是可以做六次循环的，大家可以试一下。比如“R’FRF’”这个手法叫“钩子”，你可以先将魔方复原，然后重复做六次这个手法，魔方就会回到复原状态（注意重复做的时候不要换方向）。

## 编码图像

| 鳄鱼 |  | 双头树 |  | 双头鳄鱼 |  |
|---|---|---|---|---|---|
| 尾巴 |  | 夏伯伯 |  | 大鲨鱼 |  |
| 大风车 |  | 婆婆 |  | 双头钩 | 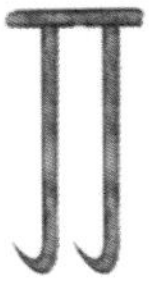 |
| 推车 | 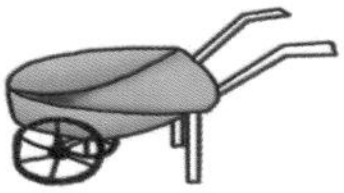 | 双头夏伯伯 |  | 美女 |  |
| 钩子 |  | 开小汽车 |  | 帅哥 |  |
| 大钩子 |  | 开公交车 |  | 小狗 |  |
| 抹布 |  | 播种 |  | 小猪 |  |

续表

| 厚抹布 |   | 大龙虾 |   | 主播 |   |
| --- | --- | --- | --- | --- | --- |
| 书包 |   | 防弹玻璃 |   | 小虾米 |   |
| 树 | 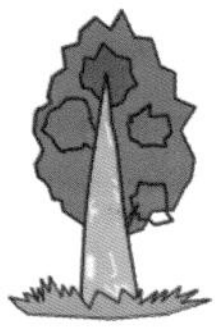  | 大海 | 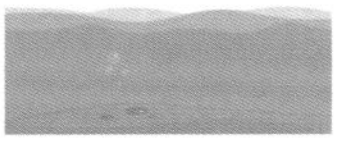  | 扫码下载本页打印 |  |

# 故事法记忆公式初体验

接下来我们通过下面三个公式来体验一下故事法是如何帮你快速掌握公式的。

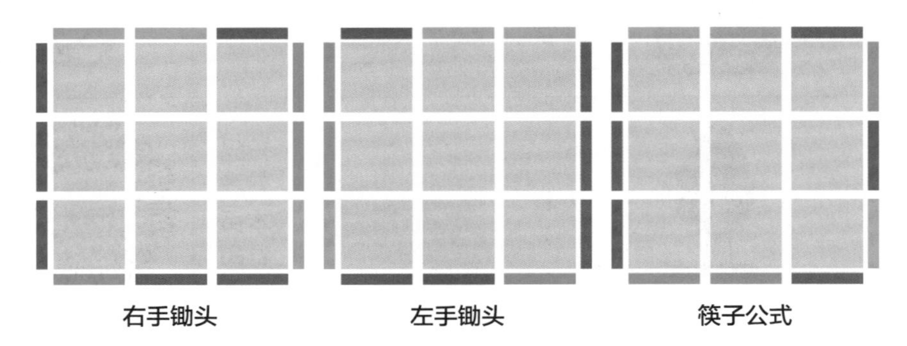

右手锄头　　左手锄头　　筷子公式

上面三个情况中所用到的公式都只需要用三个编码就可以快速掌握。

用到的编码：推车，鳄鱼，大风车。

下面带着大家一起来了解一下应该怎样快速记忆。注意左手锄头和右手锄头公式几乎一样，只是一个用左手做公式，一个用右手做相同的公式而已，做的时候两个手是对称的，大家可以自己多尝试一下，就知道该怎么做了，做错了也没关系，大不了重新来一次。

## 第一个公式（右手锄头）

字母表示：R U R' F'R U R' U'R' F RR U' R' U'

分段表示：(R U R' F') (R U R' U') (R' F R2 U' R' U')

编码表示：推车，鳄鱼，大风车

注意：R2=RR，字母后面的 2 代表重复一次，如 U2=UU，F2=FF。

在记忆之前我们先要知道为什么这个公式被命名为“锄头”。在解释这个公式之前大家需要先将魔方复原然后将白色朝下，黄色在上，红色面对自己。然后按照上面的公式做一遍，可以按照字母做，也可以按照编码来做，做完之后就得到了右手锄头的情况。

**右手锄头**

**之所以叫右手锄头，是因为虽然这个情况的锄头在左边，但是这个公式是用右手来做的。**

当我们得到了锄头之后，我们一起来看一下为什么叫他“锄头”：左边的三个蓝色连在一起形成了一个棍子，我们把这个棍子当作是锄头的手柄部分；后面的两个橙色连在一起，我们把它当作锄头的头部；其他的地方可以不用观察，只要认得这个部分，这个情况你就能分辨出来了。

因为魔方中的这个情况长得像锄头，所以将这个情况命名为锄头。

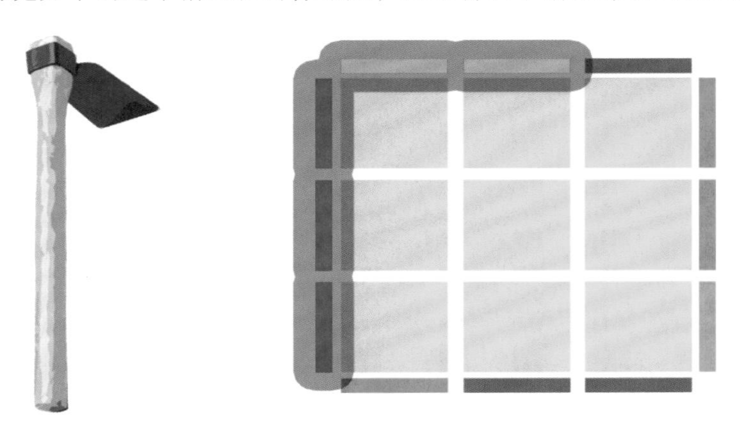

当我们知道了这个情况是锄头之后，就可以通过锄头和编码来进行联想记忆了。

下面我们利用故事法来背公式：

**故事：我们来想象一个场景，你和妈妈拿着锄头来到一块土地上，然后开始用锄头挖地，你挖呀挖，挖到了一个很古老的推车，你仔细一看，推车里面还躺着一条鳄鱼，你小心翼翼地把鳄鱼身上的土弄掉，结果鳄鱼一睁开眼睛，突然从嘴巴里面吹出来一阵风，吹得你一身都是灰。**

好了，这个故事讲完了，我们可以一起来回忆一下在这个故事里面都有哪些编码信息，首先是用锄头挖到了推车，推车里躺着鳄鱼，鳄鱼吹出来一阵风（一阵风代表大风车），所以当我们能回忆起故事里面的内容时，我们也就能够知道这个公式对应的做法了。怎么样，这样是不是就轻松掌握这个公式了呢？赶紧试一下你是否掌握了吧！

当你掌握了这个右手的锄头公式，其实相当于记住了两个公式，因为左手的锄头公式，做法与右手是一模一样的，只是把所有的做法换成左手来做，注意左手做的时候是和右手对称的。

## 第二个公式（筷子锄头）

字母表示：R U R' U' R' F RR U' R' U' R U R' F'

分段表示：(R U R' U') (R' F R2 U' R' U') (R U R' F')

编码表示：鳄鱼，大风车，推车

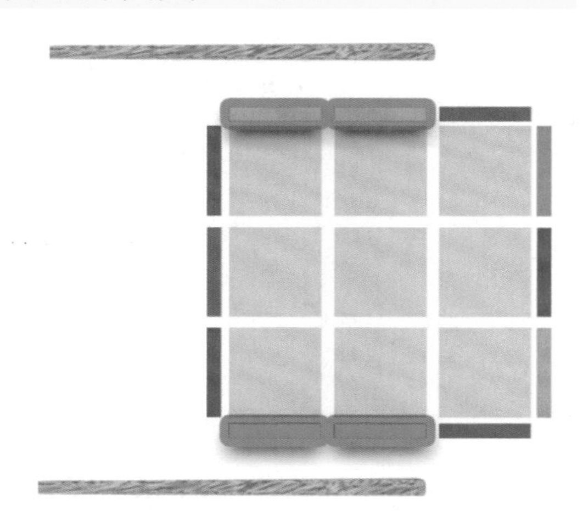

为什么叫“筷子”？

大家先把魔方正常复原，然后摆好方向（将白色朝下，黄色朝上，绿色面对自己），按照 R U R’ U’ R’ F RR U’ R’ U’ R U R’ F’ 这个公式或者“鳄鱼，大风车，推车”这三个编码来做一次，做完后就能得到上面图中的情况。

什么是筷子呢？我们看一下魔方前面左边的两个红色以及后面左边的两个橙色，这前后的四个颜色连成了两根棍子，这两根棍子摆在一起就像是一双筷子，其他的颜色都可以不用观察，只需要观察到前面的棍子和后面的棍子，就知道这种情况是筷子了。

魔方按照前页图中的样子摆好，两个筷子是平行的，一个在前一个在后，白色放在底下。

故事法背公式：

想象：你来到自己家的餐桌上拿起筷子，夹起了一条鳄鱼，结果你用力过猛，这条鳄鱼的肚子被你夹扁了，此时鳄鱼从鼻孔里面冒出来一阵风，一股辣椒味从你面前飘过，这阵风吹到了你们餐桌旁边的推车上。

故事讲完了，大家闭上眼睛回忆一下故事情节，然后想一下故事里面的编码，使用想到的编码尝试将筷子公式做出来。

要注意，我们是先看到魔方上的情况，然后再联想到跟这个情况有关的故事的，所以大家必须要能看出这个情况是属于筷子还是锄头还是其他情况。

# 第三篇 故事法记公式

# 学习前必看说明

### 1. 统一魔方朝向

就是将魔方复原后，把白色面朝下，红色面面对自己，黄色朝向上。

### 2. 如何得到想要的情况

比如你在学习筷子公式，但是不知道如何做出筷子公式的情况。该怎么办？其实在本书中讲解公式的时候有个“如何得到这个情况？”的小标题，按照上面的说明操作就行了。

### 3. 具体的学习步骤是什么

在公式学习的页面里可以按照从上到下的顺序进行学习，在这里也给大家整理一下学习步骤：

a. 先将魔方正常复原到六面一样的颜色；

b. 摆好魔方的朝向，白面朝下，黄面朝上，红面朝前；

c. 根据公式做出正在学习情况；

d. 先看公式名称的由来，知道这个公式为什么叫这个名字；

e. 再看故事法学习如何记忆，在记忆的时候要在脑海中出现画面；

f. 回忆检测，动手实践。

### 4. 学习速拧需要会三阶初级玩法

如果不会初级玩法，学习本教程会非常麻烦，本书第 9 页提供了初级玩法的教程，大家可以扫码学习。大家也可以在抖音等平台搜索“大鱼教魔方”进行学习。

还不会的同学，找到三阶的教程，就可以很快学会了。

# 学习页面说明

此处显示公式的名称

公式图示部分：这个部分展示正在学习的公式的情况图。顶面是黄色，旁边的长方形，代表魔方第三层边缘的颜色

此处显示的是公式，用字母表示

此处是将公式进行分段，是为了让公式看起来更容易记

此处是把公式中的字母转换成编码，在后面的故事联想中会使用到

此处是打乱公式，在学习这个情况的时候，大家需要把这个情况做出来才能跟着教程学习，所以此处就是教大家如何做出所学的情况

每个公式都有个中文名字，这里就是解释这个中文名字的由来

这里就是在教你如何利用故事的方法来记忆公式

## 筷子

字母：R U R' U' R' F R2 U' R' U' R U R' F'

分段：(R U R' U') (R' F R2 U' R' U') (R U R'F')

编码：鳄鱼，大风车，推车

公式图示

### 如何得到这个情况？

只需要做 R U R' U' R' F R2 U' R' U' R U R' F' 这个公式即可。

### 公式名称由来

在图中，左上方右边两个橙色连在一起是一根筷子，左下方的两个红色连在一起也是一根筷子，上下两个一起看的时候就像一双筷子一样。

### 故事记忆

想象一个画面：你拿着筷子走向餐桌，你坐了下来，拿起筷子夹起了一条鳄鱼，你用力过猛把鳄鱼肚子夹扁了，突然从鳄鱼肚子里吹出来一阵风，这阵风吹向了餐桌旁边的推车，把推车都吹翻了。

温馨提示　记忆完成后，请自我检测和动手实践。

### 拓展

注意在做公式的时候要将魔方的情况摆放好，不然就算公式做对了，没摆放好情况也是复原不了魔方的。

此处是一些拓展知识，有时候会是一些注意事项，也有可能是一句话或者一些其他的记忆技巧等。有些内容不适合放在上面的部分中，就放在此处进行补充

这里可以扫码查看教学视频，通过边看教材边看视频，可以更快理解所学习的内容

# PLL-21

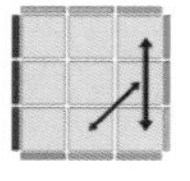
· 锄头 / 右

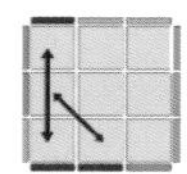
· 锄头 / 左

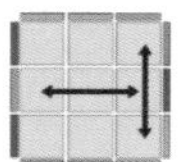
· 筷子

· 蝴蝶

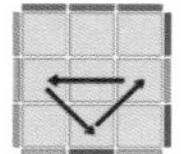
· 三眼怪 / 右

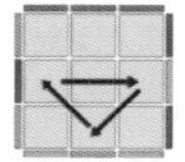
· 三眼怪 / 左

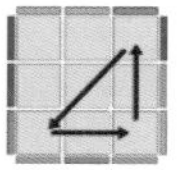
· 打棒球 /1

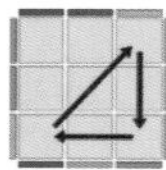
· 打棒球 /2

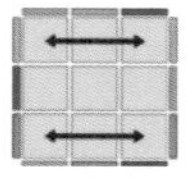
· 无眼怪

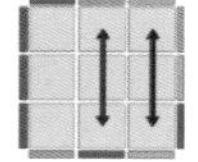
· 一堵墙

· 大森林 / 右

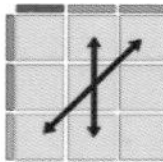
· 大森林 / 左

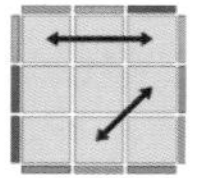
· 孤独的小树 / 右

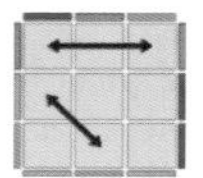
· 孤独的小树 / 左

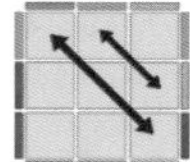
· 挖墙角

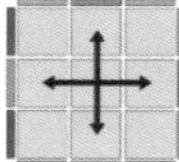
· 木窗户

· 玻璃窗

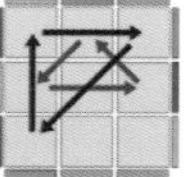
· 天安门 / 右

· 天安门 / 左

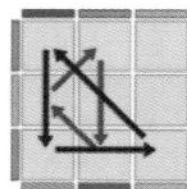
· 后院 / 右

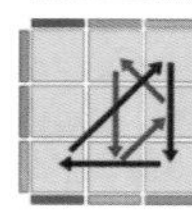
· 后院 / 左

## 在已经熟练的公式前面打钩！

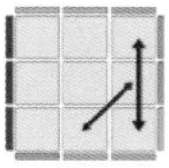

- □ · 锄头 / 右
- □ · 锄头 / 左 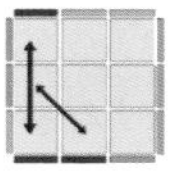
- □ · 筷子 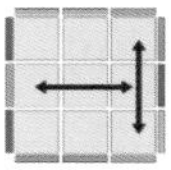
- □ · 蝴蝶 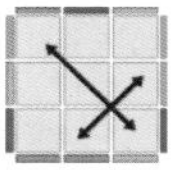
- □ · 三眼怪 / 右 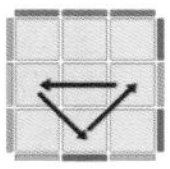
- □ · 三眼怪 / 左 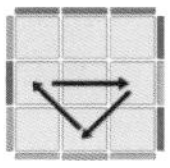
- □ · 打棒球 /1 
- □ · 打棒球 /2 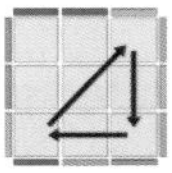
- □ · 无眼怪 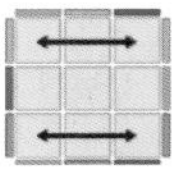
- □ · 一堵墙 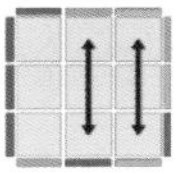
- □ · 大森林 / 右 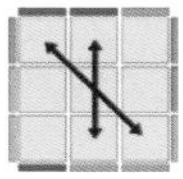
- □ · 大森林 / 左 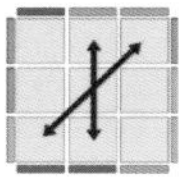
- □ · 孤独的小树 / 右 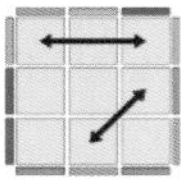
- □ · 孤独的小树 / 左 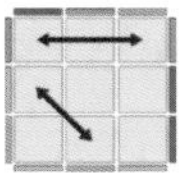
- □ · 挖墙角 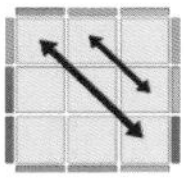
- □ · 木窗户 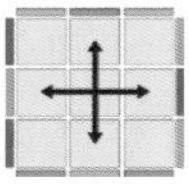
- □ · 玻璃窗 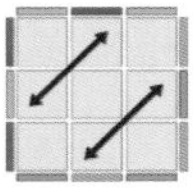
- □ · 天安门 / 右 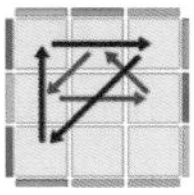
- □ · 天安门 / 左 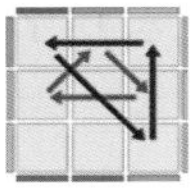
- □ · 后院 / 右 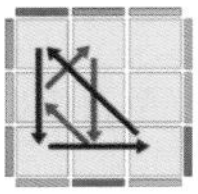
- □ · 后院 / 左

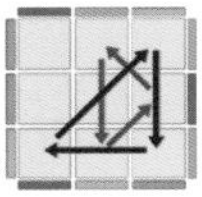

# 锄头 / 右

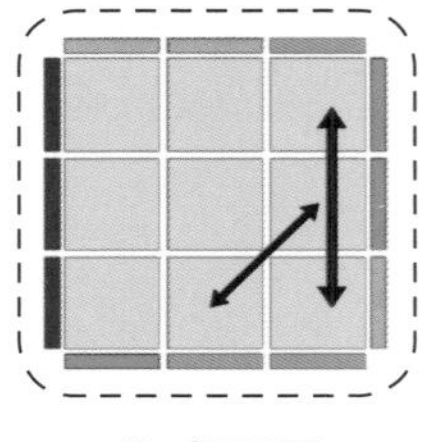

公式图示

字母：R U R' F' R U R' U' R' F R2 U' R' U'

分段：(R U R'F') (R U R' U') (R' F R2 U' R' U')

编码：推车，鳄鱼，大风车

## 如何得到这个情况

只需要做 R U R' F' R U R' U' R'F R2 U' R' U' 这个公式即可。

## 公式名称由来

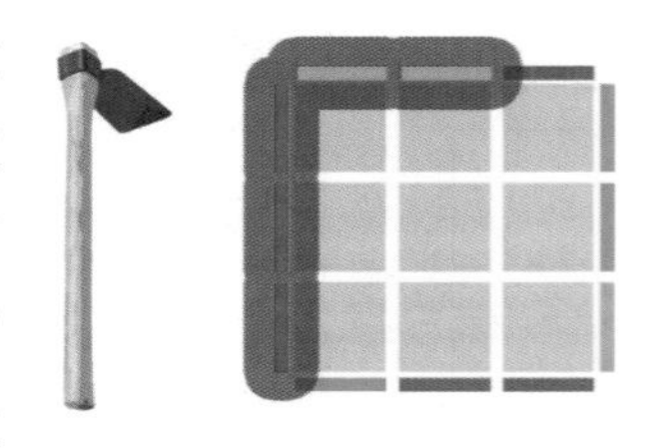

大家一边看图一边看文字解说，首先是图中最左边的三个蓝色连在一起成为锄头的手柄，然后左后方右边两个橙色组成锄头的头。所以三个蓝色和两个橙色就组成了一个锄头的形状。后面所有的情况几乎都是通过外形来命名的。在这里其他的位置都不需要观察，只需要看到左边三个和后面两个连在一起就一定是锄头。

## 故事记忆

首先我们从锄头开始进行故事联想，想象你和你妈妈都拿着锄头来到了一片土地上，然后你们就开始挖地，挖呀挖，突然你发现了土里面埋着一辆潜藏千年的老推车，你挖开推车上的土，突然发现，哎呀！里面还躺着一条鳄鱼，突然鳄鱼睁开眼睛，猛地吸了一口气，然后从鼻孔里面吹出来一阵风，吹得你一身都是。

温馨提示

每次记完后，你都要进行回忆检测。在听故事的时候脑海中记得要产生画面，这样记忆才会更牢固。

## 拓展

以后每次在联想的时候，我们都需要从这个公式的名称开始进行联想，因为我们在回忆的时候，最开始看到的就是公式的名称，然后通过公式的名称联想到与该公式有关的故事内容，然后从故事中去提取该公式的做法。

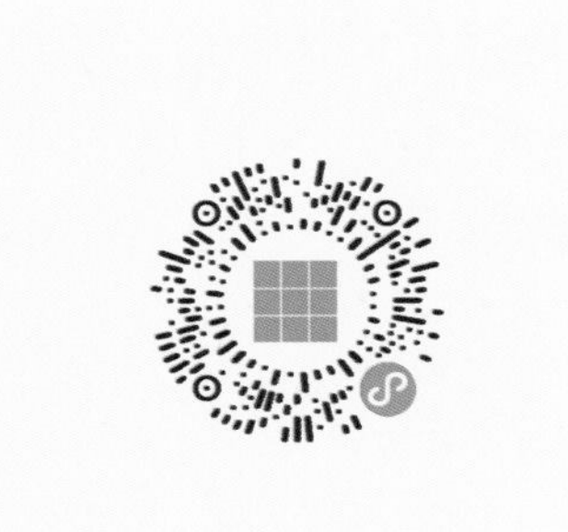

# 锄头 / 左

字母：L’ U’ L F L’ U’ L U L F’ L2 U L U

分段：(L’ U’ L F) (L’ U’ L U) (L F’ L2 U L U)

编码：推车，鳄鱼，大风车

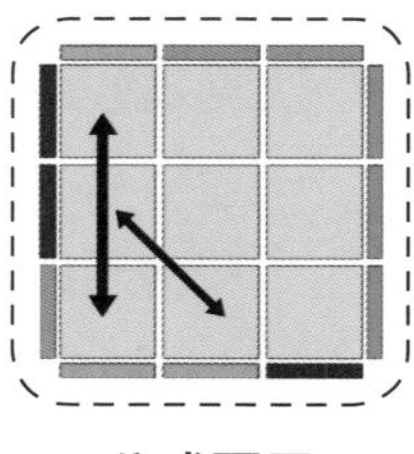

公式图示

## 如何得到这个情况？

只需要做 L’ U’ L F L’ U’ L U L F’ L2 U L U 这个公式即可。

## 公式名称由来

同锄头 / 右一样！

## 故事记忆

是右手的镜像做法！

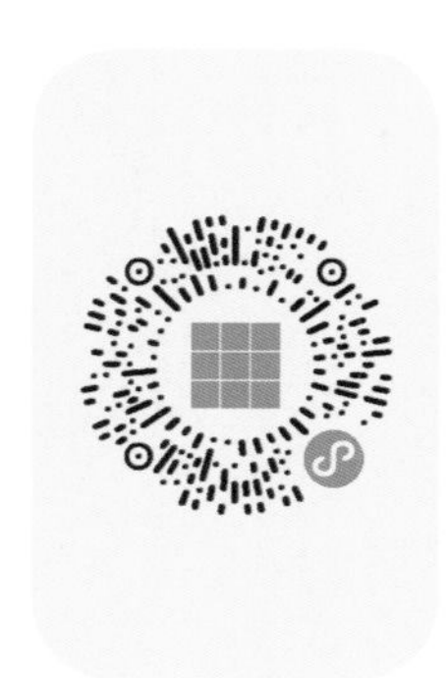

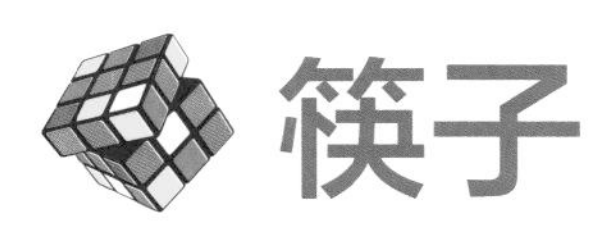

# 筷子

字母：R U R' U' R' F R2 U' R' U' R U R' F'

分段：(R U R' U') (R' F R2 U' R' U') (R U R'F')

编码：鳄鱼，大风车，推车

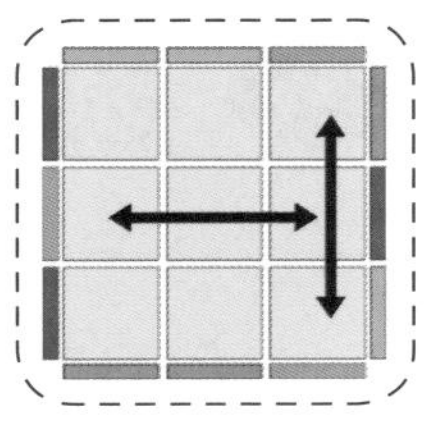

公式图示

## 如何得到这个情况？

只需要做 R U R' U' R' F R2 U' R' U' R U R' F' 这个公式即可。

## 公式名称由来

在图中，左上方右边两个橙色连在一起是一根筷子，左下方的两个红色连在一起也是一根筷子，上下两个一起看的时候就像一双筷子一样。

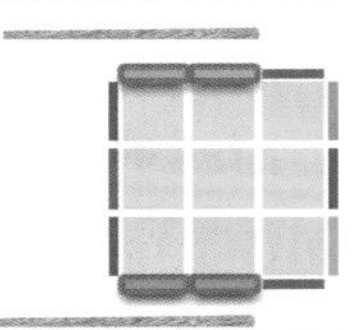

## 故事记忆

想象一个画面：你拿着筷子走向餐桌，你坐了下来，拿起筷子夹起了一条鳄鱼，你用力过猛把鳄鱼肚子夹扁了，突然从鳄鱼肚子里吹出来一阵风，这阵风吹向了餐桌旁边的推车，把推车都吹翻了。

温馨提示　记忆完成后，请自我检测和动手实践。

## 拓展

注意在做公式的时候要将魔方的情况摆放好，不然就算公式做对了，没摆放好情况也是复原不了魔方的。

# 蝴蝶

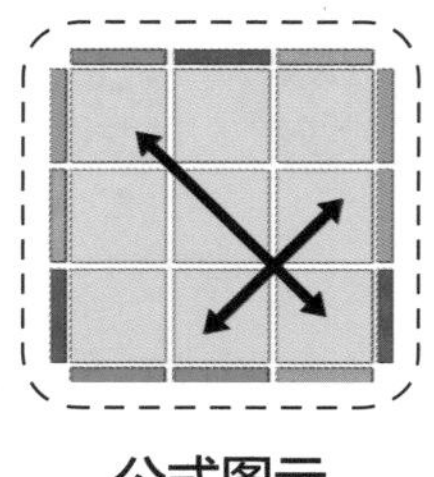

公式图示

字母：F R U' R' U' R U R' F' R U R' U' R' F R F'

分段：F (R U' R' U') (R U R' F') (R U R' U') (R' F R F')

编码：钩，书包，推车，鳄鱼，钩子

## 如何得到这个情况?

只需要做 F R U' R' U' R U R' F' R U R' U' R' F R F' 即可获得。

## 公式名称由来

一起来看公式图，在图中右边的上面有两个绿色组成蝴蝶的一边翅膀，下面的左边有两个红色组成蝴蝶的另一边翅膀，右下角黄蓝橙色的角是蝴蝶的脑袋，只要观察到两个翅膀就能快速辨别这个蝴蝶的情况了。蝴蝶的摆法是黄色面朝上，一个翅膀在前面左边，一个在右边的后面。

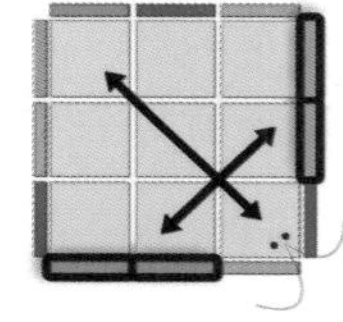

## 故事记忆

蝴蝶飞过来，你用手钩（F）了一下蝴蝶的脑袋，发现蝴蝶背着书包，书包旁边还挂着一辆推车，你打开书包一看，里面竟然还躺着一条鳄鱼，这也太神奇了，于是你拿钩子钩住了鳄鱼的鼻孔，你想将它作为今天的晚餐。

温馨提示　要回忆、实践和检测。

## 拓展

故事记忆法后面有个配图，大家可以将左边的文字和右边的配图结合着看，这样更容易理解，也更容易记住哟。

# 三眼怪 / 右

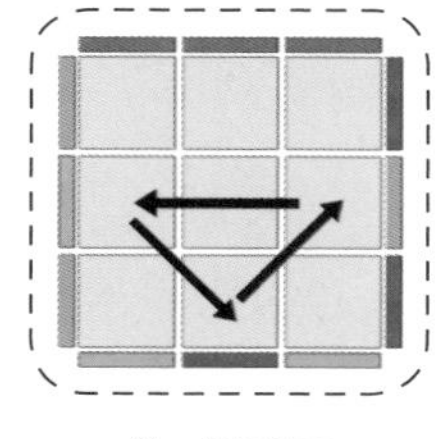

公式图示

字母：R U’ R U R U R U’ R’ U’ R2

分段：(R U’) (R U R U) (R U’ R’ U’) R2

编码：上回，小狗，书包，下下

## 如何得到这个情况?

只需要做 R2URU,R’U’R’U’,R’UR’ 这个公式即可。

## 公式名称由来

在魔方公式图中，我们可以看出每个面都有一对眼睛，在前面的是一对黄色的眼睛（什么是眼睛请看下面拓展部分），左边是一对绿色的,右边是蓝色的,后面是三个连在一起的红色眼睛,注意在做公式的时候三个连在一起的眼睛需要放在后面再来做公式。正是因为每个面都有眼睛，而后面又有一个面有三个眼睛，所以我们叫他“三眼怪”。

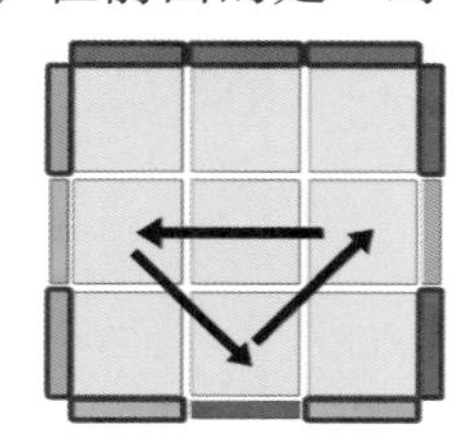

## 故事记忆

先把三眼怪摆放好，三个眼睛的一面放在后面，然后开始打怪兽，怎么打呢？首先用右手把怪兽的脸抬上来 (R)，然后再打一巴掌（U’），结果不小心这一巴掌打到了一只小狗，小狗还背着书包，小狗赶紧下了一个台阶又下了一个台阶跑掉了。

 温|馨|提|示　记得回忆、检测和实践。

## 拓展

什么是眼睛？

这里的眼睛指的是两边的角块有两个相同的颜色，中间的棱块是什么颜色都可以，只要两边的颜色相同就视为眼睛。

这个公式很多会七步法的朋友都已经比较熟悉了，已经会了的朋友这里就不需要再学习了。

# 三眼怪 / 左

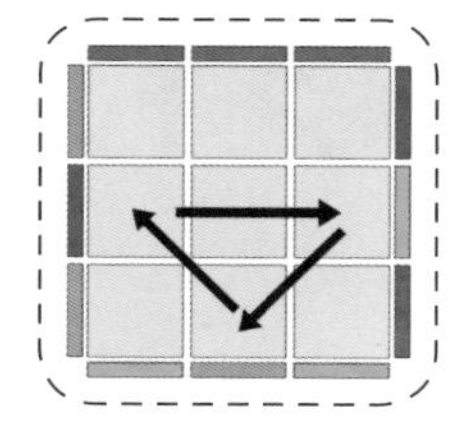

公式图示

字母：L'UL'U'L'U'L'ULULL

分段：（L'U）（L'U'L'U'）（L'ULU）LL

编码：上回，小狗，书包，下下

## 如何得到这个情况？

只需要做 R U' R U R U R U' R' U' R2 这个公式即可。

## 公式名称由来

同三眼怪 / 右一样！

## 故事记忆

是右手的镜像做法！

温|馨|提|示　提示：记得回忆、检测和实践。

## 拓展

许多公式都有左右手的情况，所以你掌握了右手也就是掌握了两个公式。但大家做镜面公式的时候要注意先慢后快，要先做正确，然后再在正确的基础上加快速度。

# 打棒球 /1

字母：x’ R U’ R D2 R’ U R D2 R2 x

分段：x’ (R U’ R) D2 (R’ U R) D2 R2 x

编码：上回上，底转转，下拨上，底转转，右 180°

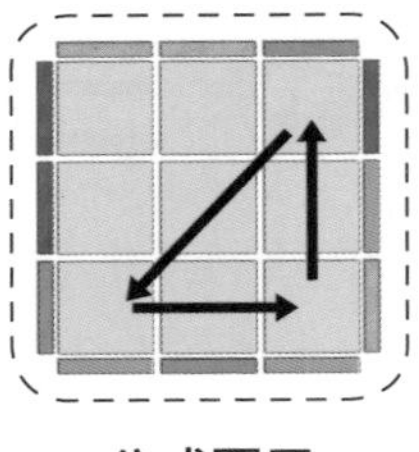

公式图示

## 如何得到这个情况?

只需要做 x’R2 D2 R’U’R D2 R’U R’x 这个公式即可。

## 公式名称由来

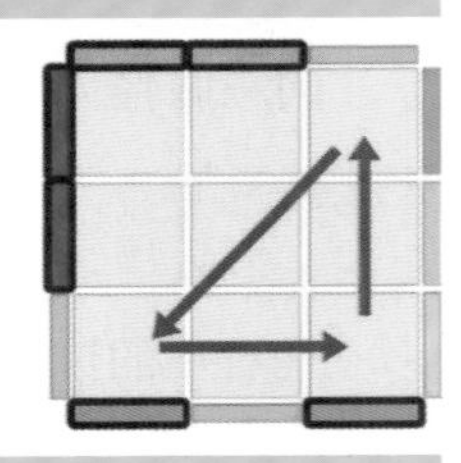

图中，左上角有两个蓝色和橙色，这个蓝色和橙色连在一起组成的角，是装棒球的球网，底下有两个绿色的眼睛，把这个当作是球门，然后顶面的九个黄色当成是棒球场，打棒球的时候需要将黄色的球场面对自己，眼睛朝下。

## 故事记忆

将黄色面朝自己，眼睛朝下，然后开始打棒球，一开始球场上什么都没有，所以先从右边下面走上来一队球员（R），然后从左手边天上飞出一个守门员（U’），球员从右边拿出一个白色的棒子（R），突然一个球从底下飞出来了（D2），从球场对面跑来一个恶霸要你把棒子给他看，但是你把棒子藏到了球场底下（R’），并且你很生气，挥起右手一巴掌打了过去（U），恶霸的门牙都被你打掉了，你看他太可怜了，于是又把棒子从底下拿了上来（R），可是恶霸趁你不注意，将你的球从底下打了回去（D2），你很生气于是把球棒从右边转两下收起来了（R2）。

温馨提示　记得回忆、检测和实践。

## 拓展

此公式是七步法里面的三角换公式，如果你已经会了，就可以不用重复学习啦。

这个公式没怎么利用编码，因为我在教学七步法的时候就是把每个步骤都转换成了故事，大家也能记忆得很快，所以此处就没有使用编码。

“x’”就是旋转魔方将魔方的顶面放到前面，如果是“x”就是旋转魔方将顶面放到后面。

# 打棒球 /2

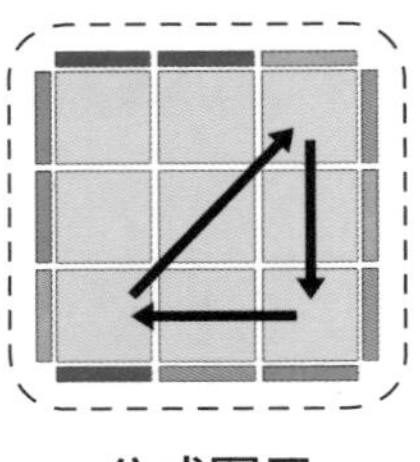

公式图示

字母：x' R2 D2 R' U' R D2 R' U R' x

分段：x' R2 D2 (R' U' R) D2 (R' U R') x

编码：右 180°，底转转，下回上，底转转，下拨下

## 如何得到这个情况?

只需要做 x'R U'R D2 R'U R D2 R2 x 这个公式即可。

## 公式名称由来

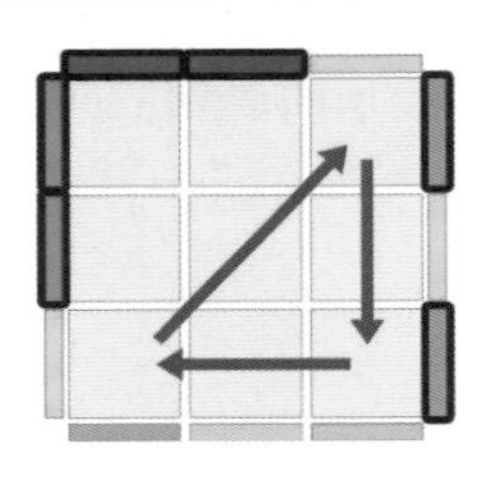

和打棒球 1 一样，打棒球 2 也是通过外形来判断的，只是这里需要注意的是，这个棒球的球门去了右手边，通过右边的图可以看出来，前面的眼睛已经没有了，但在右手边有一对绿色的眼睛。还有就是球网的位置并没有发生变化，所以这里一定要注意摆放好位置再做该公式。

## 故事记忆

将黄色面朝自己，眼睛朝右，注意球网是在左上角的，然后开始打棒球 2，棒球 2 和棒球 1 不同，这里最开始是直接把棒子拿了出来（R2），然后球从底下飞出来（D2），突然有一个球员下场了，他回了一下头然后接着又上场了，上场后直接把球从底下打回去了（D2），然后这个球员很嚣张地又下场了，下场的时候拨了一下自己的眉毛，才真的下去了。

温馨提示　记得回忆，检测和实践。

## 拓展

一定要注意区分打棒球 1 和打棒球 2 的摆放位置，很多同学在学习的时候都会遇到这样的问题，位置没摆对就直接做公式是没有办法复原魔方的。

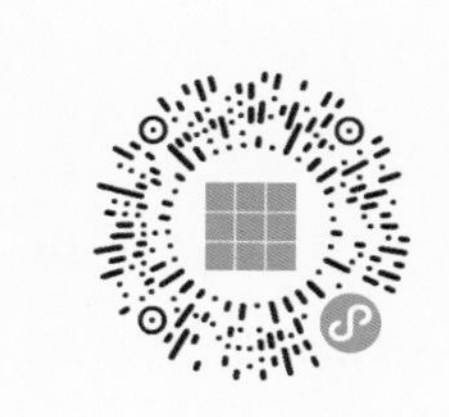

# 无眼怪

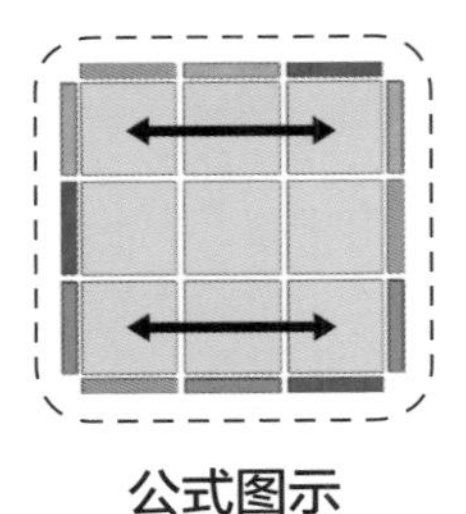

公式图示

字母：R2UR’ U’ y（RUR’ U’ ）2RUR’ FU’ F2

分段：(R2 U R’ U’)y (R U R’ U’) 2 (R U R’ F U’) F2

编码：大鳄鱼，小鳄鱼 2 次

## 如何得到这个情况？

只需要做 R2UR’U’y（RUR’U’）2RUR’FU’ F2 这个公式即可。

## 公式名称由来

从右边的公式图中可以看出第三层侧面每个面的三个颜色都各不相同，这属于没有眼睛的情况，因此命名为无眼怪。

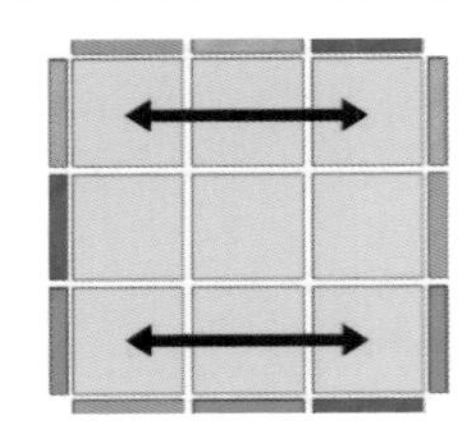

## 故事记忆

先摆好魔方，然后开始想象，我们想象这只无眼怪很危险，所以我们找了一条大鳄鱼来打它（做一次大鳄鱼手法），之后将魔方右边面对自己。又来了三只小鳄鱼（然后做两次小鳄鱼手法），做完两次小鳄鱼之后，还有一只小鳄鱼没做完，最后一只小鳄鱼做完“上拨下”之后要先“勾”一下，然后再“回”（也就是“上拨下勾回”），最后做个 F2。

每次记完后，都要进行回忆检测。在听故事的时候脑海中记得要产生画面，这样记忆才会更牢固。

# 一堵墙

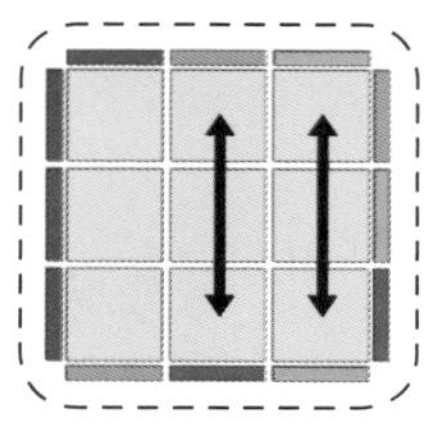
公式图示

字母：R'U'F'RUR'U'R'FR2U'R'U'RUR'UR

分段：（R'U'F'）（RUR'U'）（R'FR2U'R'U'）（RUR'U）R

编码：下回推，鳄鱼，风车，抹布，上

## 如何得到这个情况？

只需要做 R'U'F'RUR'U'R'FR2U'R'U'RUR'UR 这个公式即可。

## 公式名称由来

在右边的公式图片中可以看到最左边有三个红色连在一起，然而前面、后面、右边的三个颜色都各不相同，只有左边的三个颜色是相同的，这三个颜色连在一起看起来有点像“一堵墙”，所以就把这种情况称为“一堵墙”。注意摆放墙的时候，墙是在左边的。

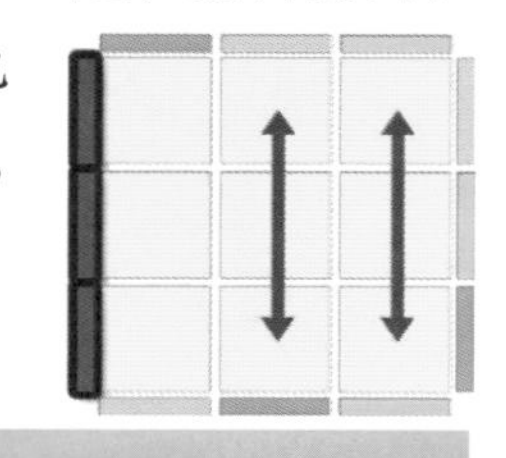

## 故事记忆

将墙放在左边，然后我们想象一个画面，想象你站在这堵墙上，你从墙上下来，然后回头看了一眼，发现墙要倒，你用手推了一下，结果从墙里面爬出来一只鳄鱼，这只鳄鱼对着你吹了一阵风，吹得你满身都是灰尘，你赶紧用抹布把身上擦干净。然后你又重新爬到了墙上。

温馨提示　每次记完后，自己要进行回忆、检测和实战。

## 拓展

注意观察这个情况，只有一个面有三个相同的颜色，其他的三个面都没有相同的颜色。

# 大森林 / 右

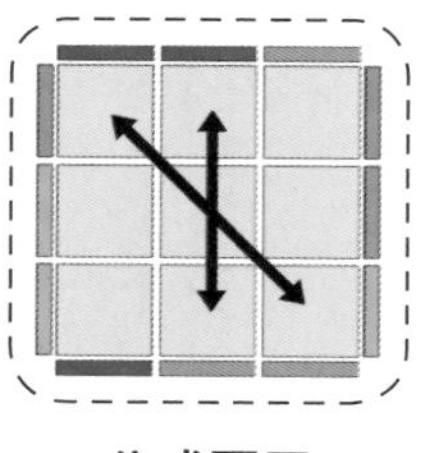

公式图示

字母：RUR' URUR' F' RUR' U' R'FR2U' R' U' U' RU' R'

分段：（RUR' U）（RUR' F'）（RUR' U'）（R'FR2U' R' U'）（U' RU' R'）

编码：抹布，推车，鳄鱼，风车，回上回下

## 如何得到这个情况？

只需要做 RUR' U RUR' F' RUR' U' R'FR2U' R' U' U' RU' R' 这个公式即可。

## 公式名称由来

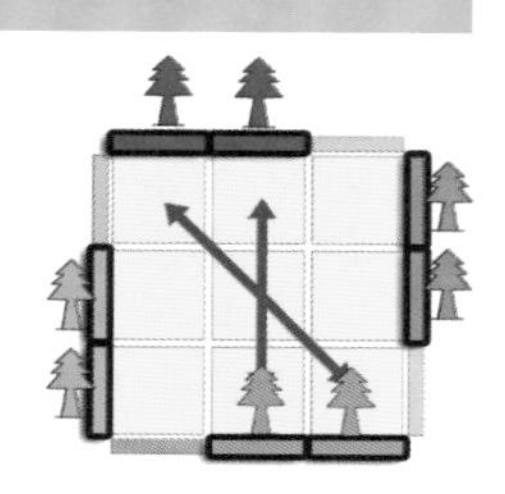

从右边图中可以看到每个面的右边两个颜色都是相同的，把这两个相同的颜色比喻成两个树的话，每个面都有两棵树，这么多树放到一起就有点像一个大森林一样，因此这种情况就是“大森林”。

## 故事记忆

想象你走进一座大森林，发现树上有好多灰尘，于是拿起一块抹布擦干净了树，然后把抹布丢到旁边的推车里面，你的抹布恰好盖住了一只鳄鱼的头，鳄鱼鼻孔中吹出来一阵风把你吹回了家。最后做一个小口诀：回上回下。

温馨提示　记得回忆、检测和实践。

## 拓展

这个公式确实非常长，但是用编码的方式来进行简单联想，就能很快掌握了，在故事记忆的右边有配图，用来辅助大家在脑海中出现画面。

#  大森林 / 左

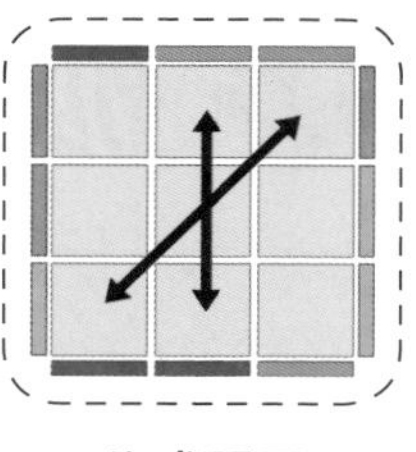

公式图示

字母：L’ U’ LU’ L’ U’ LFL’ U’ LU LF’ LLULUUL’ UL

分段：（L’ U’ LU’）（L’ U’ LF）（L’ U’ LU）（LF’ L2U LU）（UL’ UL）

编码：抹布，推车，鳄鱼，风车，回上回下

## 如何得到这个情况?

只需要做 L’ U’ LU’ L’ U’ LF L’ U’ LU LF’ LLULU UL’ UL 这个公式即可。

## 公式名称由来

和大森林 / 右的来源相同。

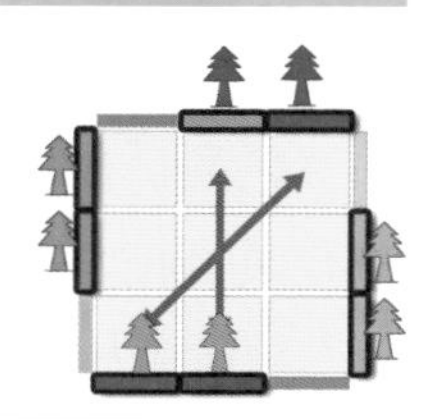

## 故事记忆

是大森林右手的镜像公式。

 温|馨|提|示　记得回忆、检测和实践。

## 拓展

在刚开始训练的时候，很多同学很不习惯使用左手，这是对公式不熟悉，或者训练太少导致的，所以想让左手公式做起来像右手公式一样顺手，就需要多训练，练上几十次你就会有很大的提升。

# 孤独的小树 / 右

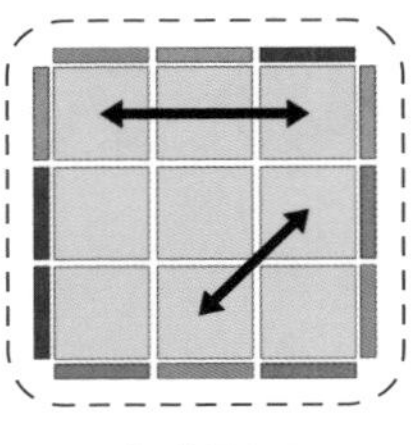

公式图示

字母：R' U2R U' U' R' F R U R' U'R' F' R2 U'

分段：(R' U2) (R U' U') (R' F) (R U R' U') (R' F' R2 U')

编码：夏伯伯，树，下勾，鳄鱼，下推 180° 回

## 如何得到这个情况

只需要做 R' U2 R U'2R' F R U R' U' R' F' R2 U' 这个公式即可。

## 公式名称由来

在右边的图片中，我们可以看到左边下面有两个相同的颜色，我把它比喻成两棵小树，右边下面只有单独一个颜色，右边这一个颜色就是孤独的小树。这种情况中，在三棵树下面还会有两个相同的颜色被称为“眼睛”，而且除了这里还有左边颜色相同以外，没有其他地方颜色相同。

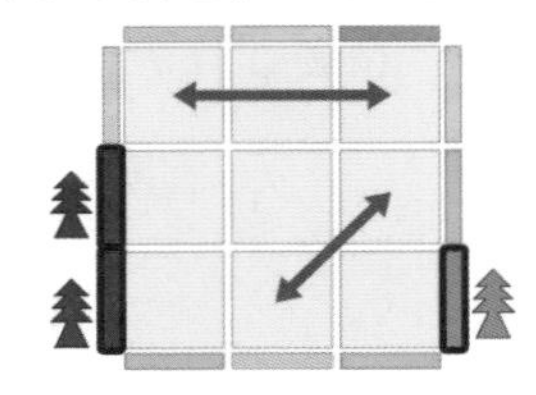

## 故事记忆

想象：孤独的小树下面住着一位夏伯伯，夏伯伯抱着一棵树，他把手伸到树下钩了一下，结果钩到了一只鳄鱼，他赶紧把手再伸下去把鳄鱼推走，被推走的鳄鱼转了 180° 回家去了。

温|馨|提|示　要能够把故事里面的编码和内容还原成公式。

## 拓展

要想快速识别这个情况，要先看到一对眼睛，然后观察是否眼睛的左边有两个相同颜色，右边则没有相同颜色。

# 孤独的小树 / 左

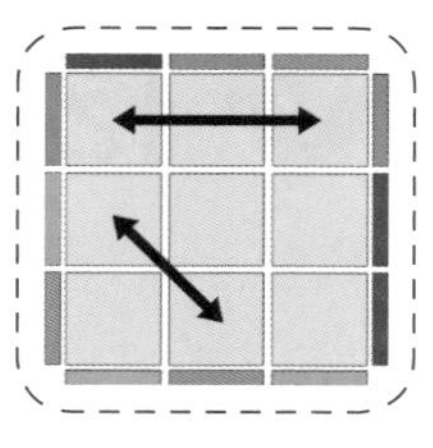

公式图示

字母：L U2 L'U'2 L F' L' U' LU L F L2 U

分段：(L U2) (L' U' 2) (L F') (L' U' LU) (L F L2 U)

编码：夏伯伯，树，下勾，鳄鱼，下推 180° 回

## 如何得到这个情况?

只需要做 L U2 L'U'2 L F' L' U' LU L F L2 U 这个公式即可。

## 公式名称由来

同孤独的小树 / 右。

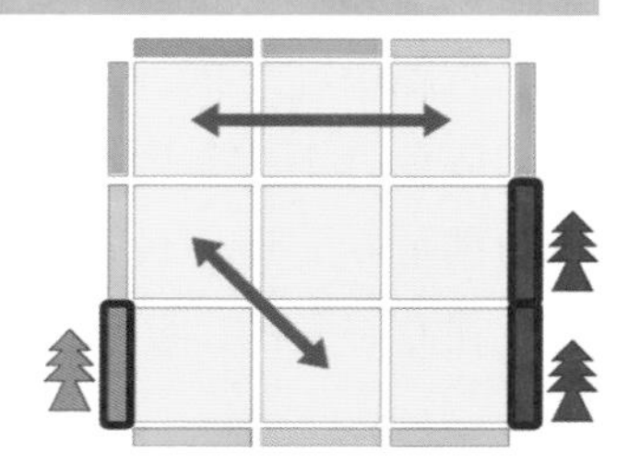

## 故事记忆

按照右手的镜面来做此公式。

温|馨|提|示　需要多实践。

## 拓展

纸上得来终觉浅，绝知此事要躬行。

——《冬夜读书示子聿》陆游

# 挖墙角

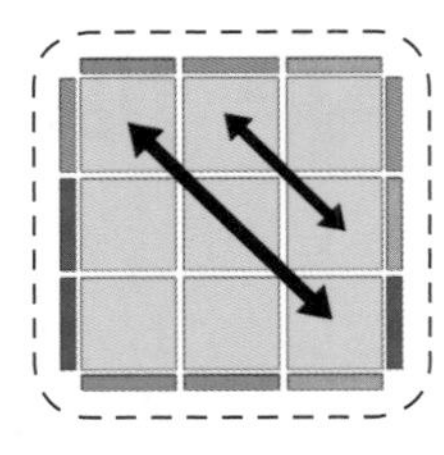
公式图示

字母：R' U R' d' R' F' R2 U' R' UR' F R F

分段：(R' U R' d') (R' F' R2 U') (R' UR' F R F)

编码：下拨下回，换右面，下推 180° 回，下拨下勾上勾

## 如何得到这个情况？

只需要做 R' U R' d' R' F' R2 U' R' UR' F R F 这个公式即可。

## 公式名称由来

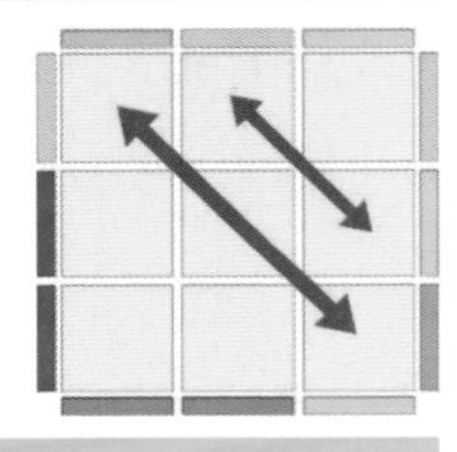

右图中左下的一个大角是复原的，角的左边是两个相同的蓝色，下边是两个相同的红色，形成了一个看起来像墙角的形状，所以就被命名为墙角，注意摆放的时候墙角是放在左下角的，要和图中的位置一样。

## 故事记忆

想象你来到一个墙角边上，把右手伸下（R'）去往右边挖一下（U），然后再把手继续伸下（R'）去，往左边挖一下（U'）。挖完两下后换右面，然后继续把手伸下去，把土推走，土冲右边转了 180° ，推土的时候你回头看了一眼，然后做下拨下勾上勾。

温馨提示　需要多实践。

## 拓展

做这个公式时要注意手法，在做 d’ 的时候要同时将魔方的右面转过来面向自己，这样做会更加连贯，不能等做完了 d’ 再去转魔方，这样做会影响后期的提速。

# 木窗户

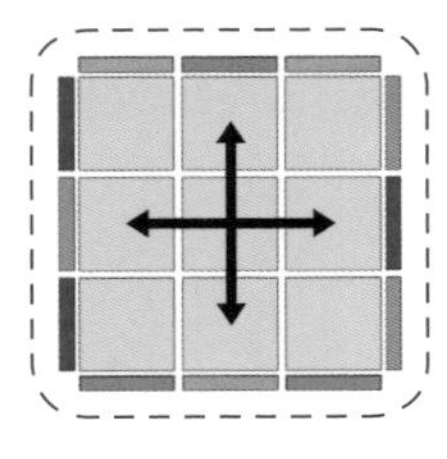

公式图示

字母：M2 U M2 U2 M2 U M2

分段：(M2 U M2 U2) 2

编码：(中间转转，拨，中间转转，拨拨)×2

## 如何得到这个情况？

只需要做 M2 U M2 U2 M2 U M2 这个公式即可。

## 公式名称由来

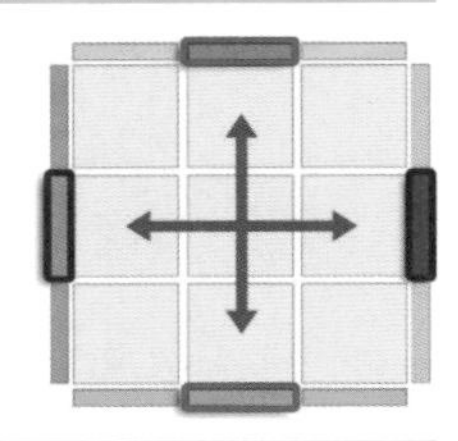

右图中每个面都有一对眼睛，在每对眼睛中间都有一个颜色，我们把这个颜色看作是木窗户，注意这里是前后红橙窗户需要互换，左右绿蓝窗户需要互换，这种前后互换的窗户就称为“木窗户”。

## 故事记忆

这个公式本身是很有规律的，所以此处只是给公式取了个名字，并没有使用故事来进行联想。规律是：中间转转，拨，中间转转，拨拨，把这个部分连做两次即可。

温|馨|提|示　需要多实践。

## 拓展

我们在学习的时候要善于寻找知识当中的规律，找到规律往往能够让我们事半功倍。

# 玻璃窗

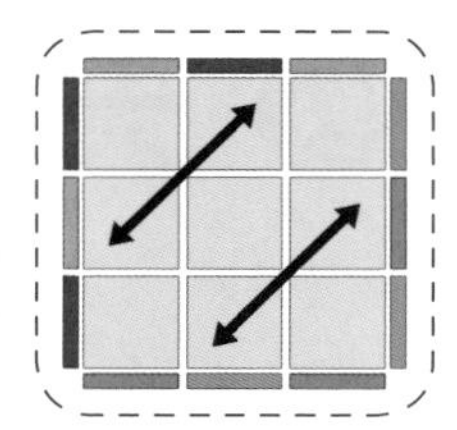

公式图示

字母：(M2 U M2 U) M U2M2 U2MU2

分段：(M2 U M2 U) (M U2) (M2 U2) (M U2)

编码：（中转转，拨）×2，中转拨拨，中转转拨拨，中转拨拨

## 如何得到这个情况？

只需要做 M2 U M2 U M U2M2 U2MU2 这个公式即可。

## 公式名称由来

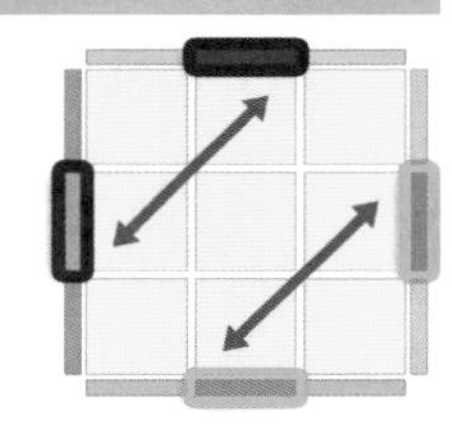

玻璃窗和上一节的木窗户有点像，要注意区分：玻璃窗是前面的窗户和右边的窗户互换，左边的窗户和后面的窗户互换。

## 故事记忆

这个公式也可以使用规律记忆。（中转转，拨）×2，中转拨拨，中转转拨拨，中转拨拨。

温馨提示　需要多实践。

## 拓展

在这个公式的练习中也需要注意手法，中间的转动需要用左手后面的无名指和中指来进行连拨，这个连拨需要刻意训练才行，最开始做的时候会很不自在，做多了就好了。

# 天安门 / 右

字母：R2' u R' U R' U' R u' R2' F ' U F

分段：(R2' u R' U) (R' U' R u') (R2' F ' U F)

编码：上拨下拨，下回上回，180° 推拨勾

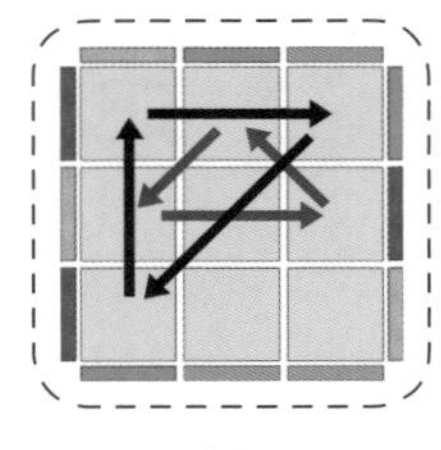

公式图示

## 如何得到这个情况？

只需要做 R'd'FR2'uR'URU'Ru'R2 这个公式即可。

## 公式名称由来

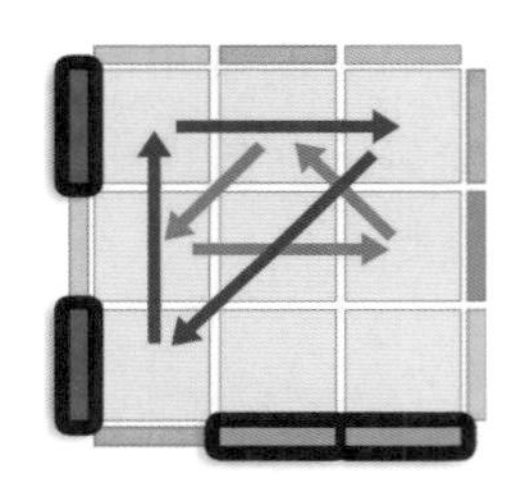

在右边的公式图中可以看到左边有一对眼睛，我们把这对眼睛当作是天安门两边的城墙，中间的橙色当成是门中间的路，下面有两个相同的绿色挨在一起，我们把它们当作两个站岗的士兵，注意摆放魔方时，士兵要放到前面。这个情况是天安门在左边，士兵在右边，所以就做右手天安门公式，反过来就是左手公式。

## 故事记忆

天安门公式我们可以运用口诀且进行简单的分段来辅助记忆，也可以稍微带点故事记忆。

公式中第一个编码是上拨下拨( R2' u R' U )，是一块不一样的抹布，想象天安门上有灰尘你拿着厚厚的抹布去擦干净，擦干净了下面的灰和上面的灰，然后将抹布丢了 180° ，最后你推着萝卜和钩子走进了天安门。

温|馨|提|示　注意实践和检测。

## 拓展

做公式的时候要注意 R2 和 u 的手法，刚开始比较容易做错，做多了就形成肌肉记忆了。

# 天安门 / 左

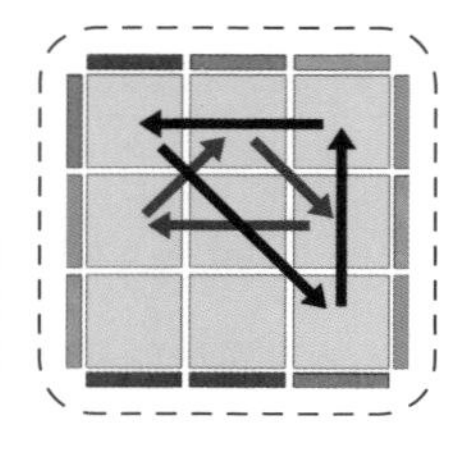

公式图示

字母：L2’ u’ L U’ L U L’ u L2’ F U’ F’

分段：(L2’ u’ L U’) (L U L’ u) (L2’ F U’ F’)

编码：上拨下拨，下回上回，180° 推拨勾

## 如何得到这个情况？

只需要做 F U F’ L2’ u’ L U’ L’ U L’ u L2’ 这个公式即可。

## 公式名称由来

同天安门 / 右。

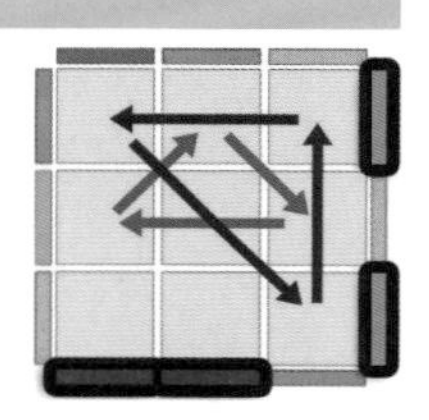

## 故事记忆

右手的镜像做法。

温|馨|提|示　注意实践和检测。

## 拓展

这个公式的左手会比一般的公式要难一点，所以大家要勤加训练。

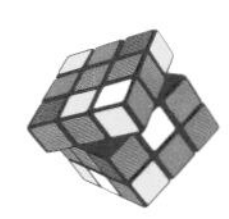

# 后院 / 右

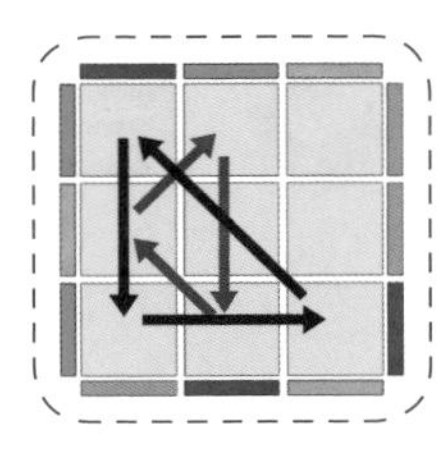

公式图示

字母：R' d' F R2' u R' U R U' R u' R2

分段：(R' d' F) (R2' u R'U) (R U' R u')R2

编码：下回勾，上拨下拨，上回上回，180°

## 如何得到这个情况？

只需要做 R2 u R' U R' U' R u' R2 F' d R 这个公式即可。

## 公式名称由来

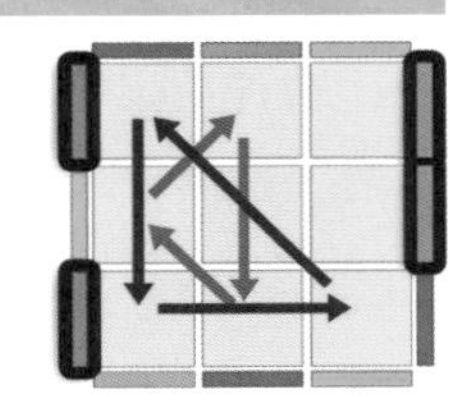

观察右图中不难发现，这个情况很像天安门，只不过这里的天安门位置没变，但是两个士兵去了右边上方，士兵离天安门比较远，现在士兵待的地方就可以被视为"后院"。这个后院是在右边的，所以是右手的后院。如果反过来天安门在右边，两个士兵在左边的话，那就是左手的后院。

## 故事记忆

想象右边的士兵从后院下（R'）来做了个"d"，然后用手"勾"（F）到了一块厚抹布（R2uR'U），之后又做了一个"上回上回"。

温馨提示　注意实践和检测。

## 拓展

学习这个公式的时候，如果你已经会了天安门公式，就会更容易，因为这里用到的"抹布"和天安门里的是一样的，还有天安门里是"下回上回"，后院这里是"上回上回"，只有第一个字不一样。

# 后院 / 左

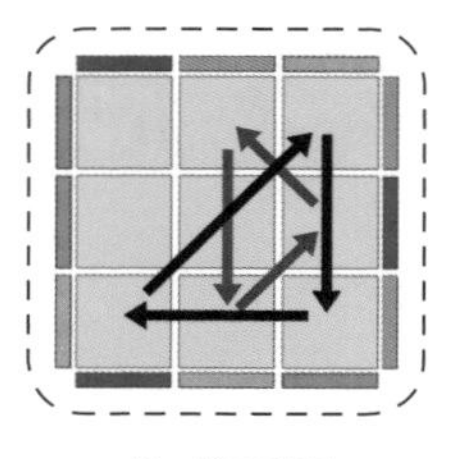

公式图示

字母：L d F'L2 u' L U' L' U L' u L2'

分段：（L d F'）（L2 u' L U'）（L' U L' u）L2'

编码：下回勾，上拨下拨，上回上回，180°

## 如何得到这个情况？

只需要做：L2' u' L U' L U L' u L2' F U' F' 这个公式即可。

## 公式名称由来

这种情况中的天安门就在右边了，左边是后院，所以这个情况就需要用左手来做。

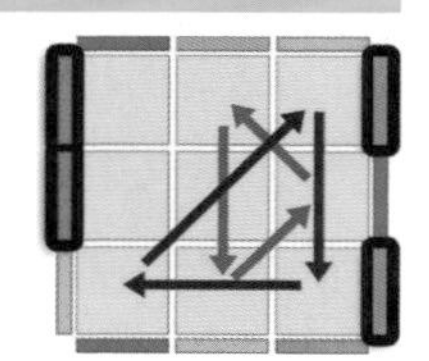

## 故事记忆

按照右手的镜面来做。

温|馨|提|示　注意实践和检测。

## 拓展

成功的诀窍就一个字：“练！”

# 带十字的 OLL

OLL 就是复原顶面黄色的公式！总共有 57 种基本的情况，大家可以先掌握 7 种顶面黄色十字已经做好的情况，学完这 7 个公式之后再学习如何快速拼十字和 F2L，最后再把剩下的 OLL 学完。这是一个比较合理的学习规划，各位加油！

## OLL-7

注意：看情况图的时候不需要看灰色的部分！

只需要关注黄色的部分即可。

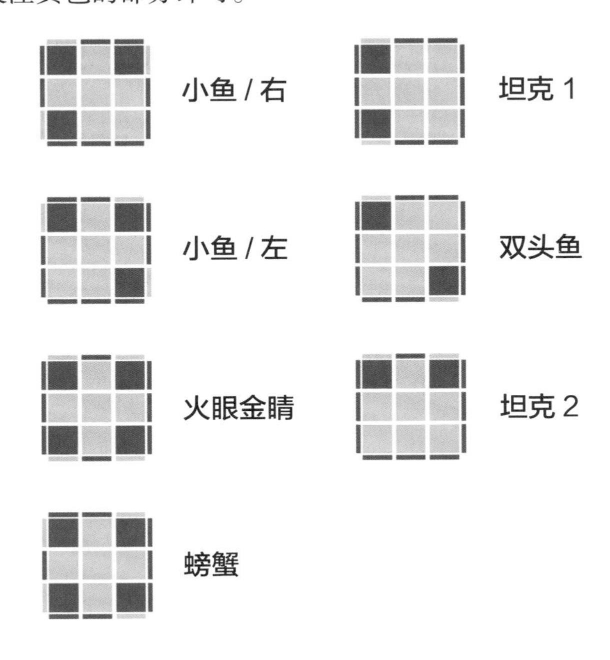

在已经熟练的公式前面打钩！

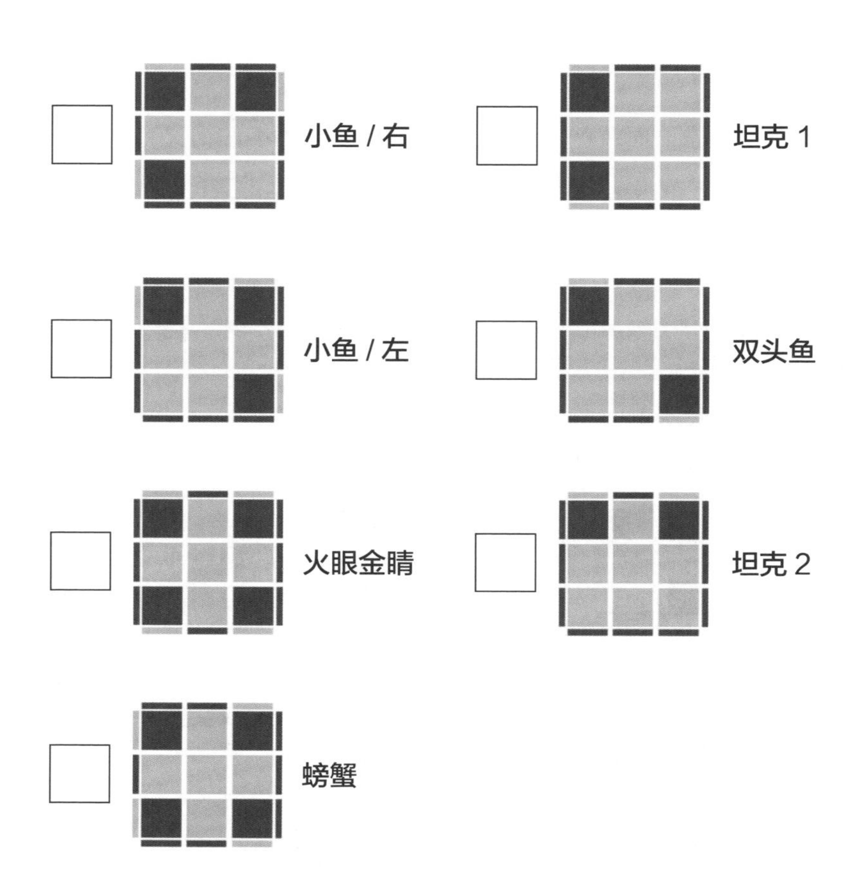

# 小鱼 / 右

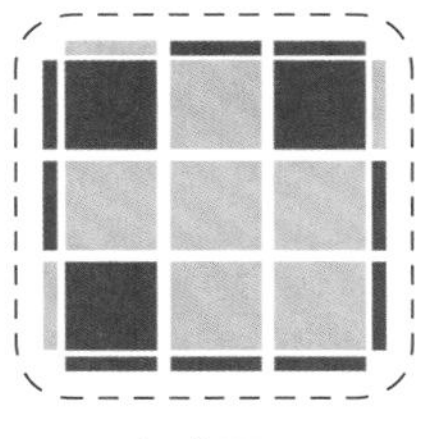

公式图示

字母：R’ U2 R U R’ U R

分段：R’ U2（R U R’ U）R

编码：夏伯伯，抹布，上

## 如何得到这个情况？

只需要做 R’ U’ R U’ R’ U2 R 这个公式即可。

## 公式名称由来

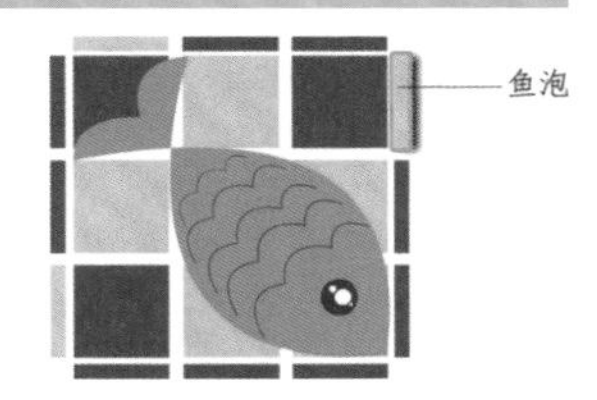


通过观察右图顶面黄色的情况，可以看出来顶面黄色的部分看起来像一条黄色的小鱼，当我们把鱼头放到右下角的时候，右上角会有一个黄色，我把它称为鱼泡，如果这个地方没有鱼泡，那么就变成了小鱼左手的情况，需要将鱼头放到左手边，用左手来做公式。

## 故事记忆

先把小鱼的方向摆好，鱼头朝右下角，右上角有一个黄色的鱼泡，然后我们开始想象。

想象一条小鱼游啊游，不小心撞到了夏伯伯，结果被夏伯伯拿抹布抱上了岸。

温馨提示　注意实践和检测。

## 拓展

其实小鱼公式有很多种做法，这里只是其中的一种做法，大家也可以尝试学习一下其他做法。

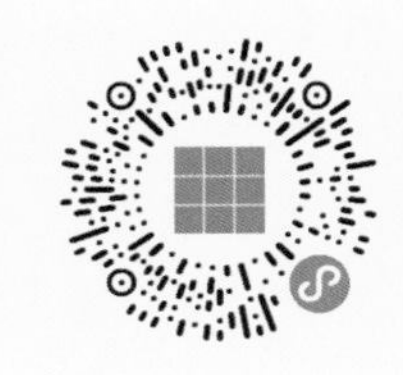

# 小鱼 / 左

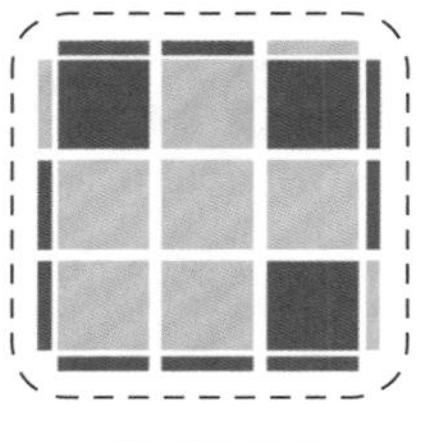

公式图示

字母：LUU L'U'LU'L'

分段：LUU（L'U'LU'）L'

编码：夏伯伯，抹布，上

## 如何得到这个情况?

只需要做：LUL'ULUUL' 这个公式即可。

## 公式名称由来

如果鱼头放在右手边的时候，后面没有鱼泡，那说明这种情况是左手的小鱼，此时我们需要将鱼头放到左手边，如右图，这个时候我们能看到左边后面有一个黄色的鱼泡，接下来我们用左手来做小鱼公式即可。

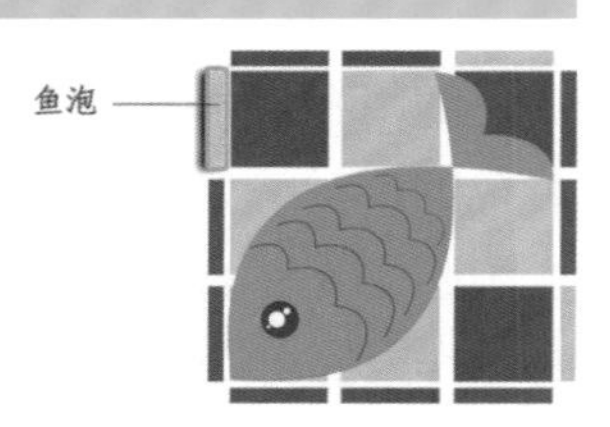


## 故事记忆

用左手做：夏伯伯，抹布，上。

温|馨|提|示　注意实践和检测。

## 拓展

小鱼的鱼头放在四个角落都有相对应的公式可以处理，大家可以尝试推导一下公式。

# 火眼金睛

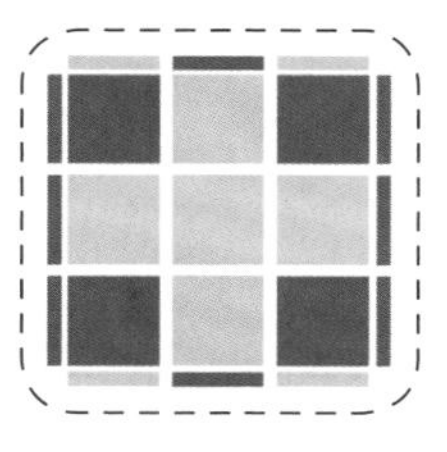

公式图示

字母：F RUR’ U’ RUR’ U’ RUR’ U’ F’

分段：F（RUR’ U’）（RUR’U’）（RUR’U’）F’

编码：勾，鳄鱼 3 次，推

## 如何得到这个情况？

只需要做 F RUR’ U’ RUR’ U’ RUR’ U’F’ 这个公式即可。

## 公式名称由来

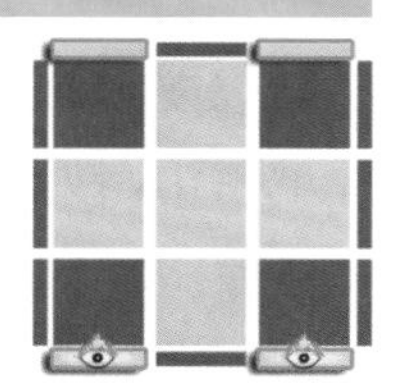

这个是顶面单纯的黄色十字的其中一种情况，前面有两个黄色，后面也有两个黄色，这是这种情况和另外一个十字不一样的地方，我把前面和后面的两个黄色形象地比喻成孙悟空的“火眼金睛”。

## 故事记忆

想象你长了一双火眼金睛，看到了一个钩子，钩子钩住了三条鳄鱼，然后被推走了。

温|馨|提|示　注意实践和检测。

## 拓展

大家也可以使用下面的公式来复原这个情况，两个公式的区别就是前面介绍的公式更好记忆，下面这个公式步骤短一些。

公式：上拨拨下回，上拨下回，上回下。

字母：RUUR’ U’ RUR’ U’ RU’ R’。

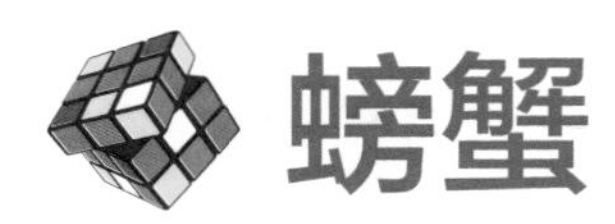

# 螃蟹

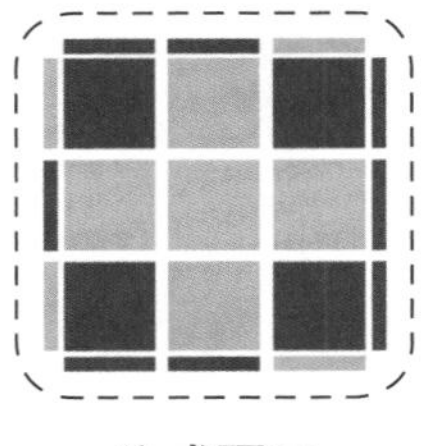
公式图示

字母：RUU R2U’ R2U’ R2U’ U’ R

分段：RUU（R2U’ R2U’ R2U’）U’ R

编码：树，（180° 回）3 次，回上

## 如何得到这个情况？

只需要做：RUU R2U’ R2U’ R2U’ U’ R 这个公式即可。

## 公式名称由来

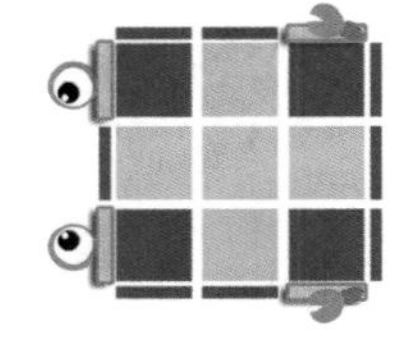

螃蟹和前面的火眼金睛都是顶面单纯的黄色十字，不同的是螃蟹中左边有两个相同的黄色。左边的两个黄色可以当作螃蟹的眼睛，右边的两个黄色则是两个螃蟹钳。这个公式在摆放的时候，要将螃蟹钳放右边，眼睛放左边，再做这个公式。

## 故事记忆

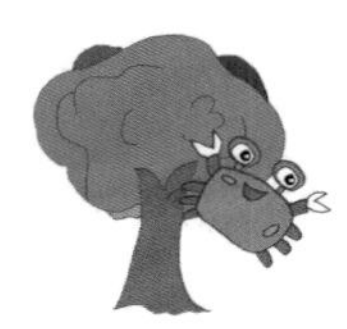

想象螃蟹正在爬树，然后掉在树上翻身子，它每翻一个 180° 就要回头看一下，持续翻了三次也就是三个 180° 回，最后它回到了树的顶上。

温馨提示　注意实践和检测。

## 拓展

做螃蟹公式一定要注意手法，在最开始做的时候左手拿好魔方，左手大拇指放前面，做上拨拨的时候右手上，左手做一个连拨，然后右手大拇指往下翻 180° ，注意全程双手都不要松开，然后左手回，右手大拇指继续往上 180° ，然后左手回，直到公式做完手都没有松开过。

# 坦克 1

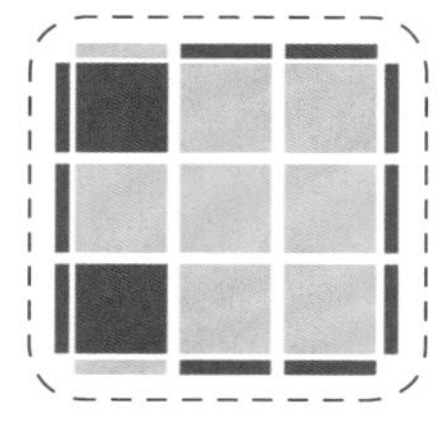

公式图示

字母：r U R’ U’ r’ F R F’

分段：（r U R’ U’）（r’ F R F’）

编码：双头鳄鱼，双头勾子

## 如何得到这个情况？

只需要做：F’ r U R’ U’ r’ F R 这个公式即可。

## 公式名称由来

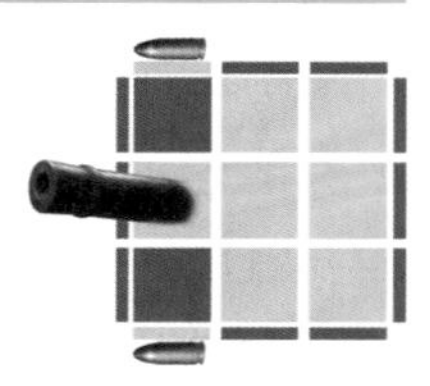

坦克是通过外形来命名的，图中中间一排黄色是坦克的大炮，上下两边的黄色是大炮的子弹，子弹往两边飞，另外上下四个黄色是坦克的轮子，这就是坦克 1。坦克 1 就是这样摆放好然后做公式的。

## 故事记忆

想象坦克 1 里面坐着一条双头鳄鱼，这条双头鳄鱼被一个双头钩子钩住了。

我们在回忆的时候只需要回忆坦克里有双头鳄鱼和双头钩子就能想起这个公式是怎么做的了。

温馨提示　注意实践和检测。

## 拓展

有些公式比较短，让人感觉比较好记，但是记多了也一样会和类似的公式搞混，所以大家要尽量使用故事法来记忆，这样记忆能保持得更长久，而且不容易混淆。

# 双头鱼

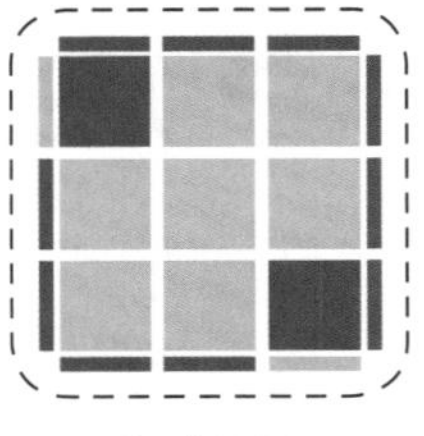

公式图示

字母：F’ r U R’ U’ r’ F R

分段：F’（r U R’ U’）（r’ F R）

编码：推，双头鳄鱼，双头勾子

## 如何得到这个情况?

只需要做：r U R’ U’ r’ F R F’ 这个公式即可。

## 公式名称由来

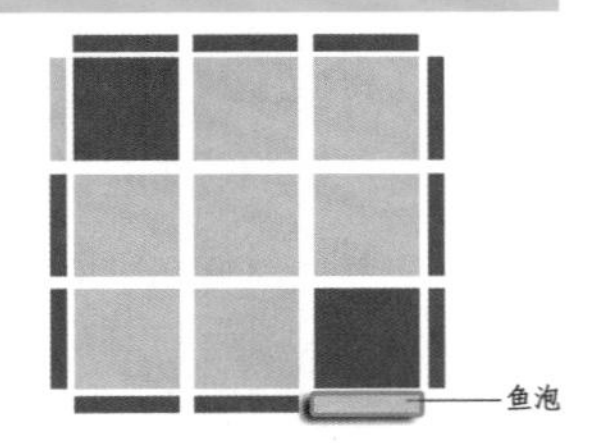


小鱼的情况中，顶面只有一个鱼头，而这个情况中有两个鱼头，所以就叫它双头鱼，双头鱼的摆放，需要看前面的右边有一个黄色的鱼泡，如果没有黄色的鱼泡就再摆一次直到前面右边有鱼泡就算摆好了。

## 故事记忆

双头鱼的做法和坦克 1 的做法几乎是一样的，就是把坦克公式里面的推（F’），放到最前面来做，接下去的做法和坦克 1 公式做法一样，注意最后一个推放到了前面，所以最后就不需要做推了。

温|馨|提|示　注意实践和检测。

## 拓展

利用熟悉的公式来记忆陌生的情况也是一种很好的记忆方法，我们要好好利用哦！

#  坦克 2

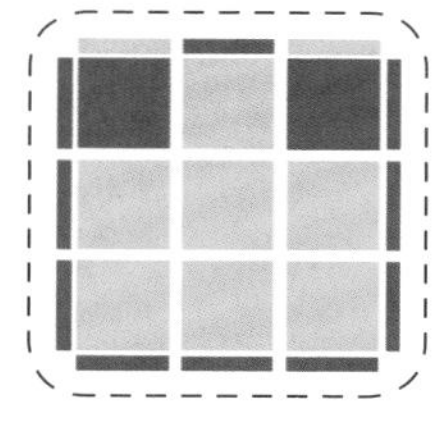
公式图示

字母：R2 D'R U' U'R' DR U' U' R

分段：（R2）D'（R U' U'R'）D（R U' U' R）

编码：180°，踢，上拨拨下，踹，上拨拨上

## 如何得到这个情况？

只需要做：R' U U R' D' R U U R' D R2' 这个公式即可。

## 公式名称由来

坦克 2 和坦克 1 比较像，不一样的地方是两个子弹的位置和摆放的方向，坦克 2 的两颗子弹是需要朝后放的，如右图。

## 故事记忆

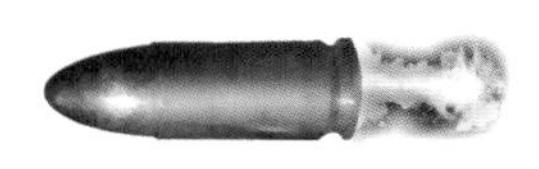

想象右边的子弹发射出去翻了 180°，被你一脚踢（D'）到左边去了，然后做一个“上拨拨下”，然后你又一脚把子弹踹（D'）回来，然后再做一个“上拨拨上”就行了。

 温|馨|提|示　注意实践和检测。

## 拓展

这个公式的手法也很重要，如果手法掌握不好做起来就会比较费劲，而且也会比较浪费时间。手法：右大拇指朝上拿魔方，此时将大拇指翻 180°，转到底下。左手底下无名指踢一下，右手做上拨拨下，左手无名指踹回来，右手再做上拨拨上。整个过程一气呵成，不需要换手。

# 三秒做好白色十字

拼白色十字是CFOP四步法的第一步，也叫CROSS，拼白色十字的时候，刚开始会很慢，但是随着训练量的增加，以及一些做十字技巧在实战当中被不断运用，就会越来越快，有时候甚至不到一秒钟就能做好。

## 快速做十字介绍

在七步法里面需要先拼白色小花，然后把小花的颜色和中心块颜色对齐，再和底下白色中心拼到一起后做好十字，这样步骤非常多，而且很麻烦，对于追求速度的我们来说完全落伍了，所以我们需要学习一种新的做白色十字的方法，那就是四步法中的CROSS，直接拼白色十字，也就是要跳过拼小花的步骤，直接将白色十字快速做好，高手基本都能两秒左右拼好，甚至在某些情况下，不到一秒就能拼好白色十字，这样的速度还是可以的。

那究竟如何来快速做白色十字呢？其实也很简单，只需要我们按照以下的步骤来一步步操作就能直接拼出白色了。

先固定魔方朝向：白色中心朝下，黄色中心朝上，红色中心面对自己；

再牢记颜色朝向：底下的白色中心和顶上的黄色中心相对，前面的红色中心和后面的橙色中心相对，左边的蓝色中心和右边的绿色中心相对；注意这里是相对的颜色，如果我们将魔方换一个朝向，依然是白色中心朝下黄色中心在上，前面面对自己的不是红色中心而是橙色中心，此时就需要注意，左边的中心已经变成了绿色中心，右边的是蓝色中心；如果我们再次把魔方的朝向改变一下，变为白色中心朝下黄色中心朝上，面对自己的是蓝色中心，此时左边是橙色中心，右边是红色中心。这就是相对位置，只要前面的中心块发生改变，左右两边的中心块也会随之发生改变的。

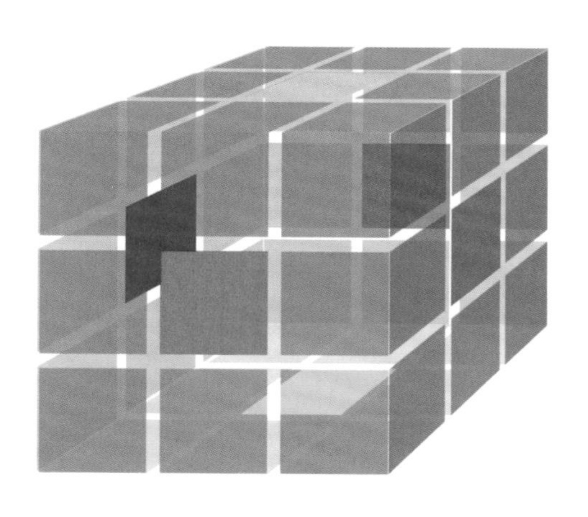

## 十字基础讲解案例 1

魔方要求：三阶魔方配色是白对黄，红对橙，蓝对绿

学员要求：有三阶魔方基础

魔方朝向：白色中心放底下，红色中心面对自己

打乱公式：R2 U R L B R'

**学习步骤**

第一步：先将魔方正常复原。

第二步：按照打乱公式进行打乱（打乱后记得参考下图，核对图案是否一致）。

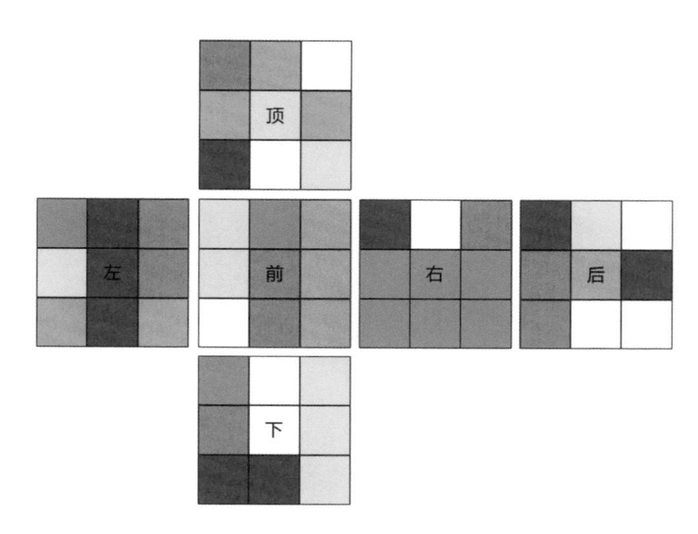

第三步：跟着老师的教学动手尝试拼出白色十字，并且自己思考除了跟着老师复原以外还能不能自己独立尝试打乱后做出白色十字，能做出来说明你理解了，如果还不能做出来，那说明还需要继续跟着案例来练习。

下面开始带着大家来练习这个例子：

## 开始练习

我们先摆好魔方朝向，白色中心朝下，红色中心面对自己。

观察魔方底面是否有已经存在的白色棱块，如果有，我们就以这个为中心来拼底下其他几个白色棱块；在这个例子中，我们可以发现底下的白红是已经拼好的，那我们就以白红为中心来拼其他的白色棱块。

我们回忆一下白色中心块的相对朝向，白色底，黄色顶，红色前，橙色后，左边蓝，右边绿；当我们熟悉这个颜色朝向之后，接下来就可以按照这个颜色朝向来拼这个案例。

刚才我们发现底下白红已经拼好了，那么按照前面的相对朝向来拼的时候，白红的右边应该拼一个什么颜色呢？白红的右边是白绿，没错，那就应该在白红的右边拼一个白绿。那左边呢？左边应该拼一个白蓝。那白红的后面呢？那肯定就是白橙了。按照相对位置去拼就对了！

我们现在已经知道要把各个不同的棱块放到不同的位置了，那么此时要做的就是在魔方中找到这些棱块，然后想办法将他们放回到他们该去的位置。首先我们看一下顶上的前面有一个白绿，顶层右边旁边有一个白橙，白蓝在后面的底边。（如下图）

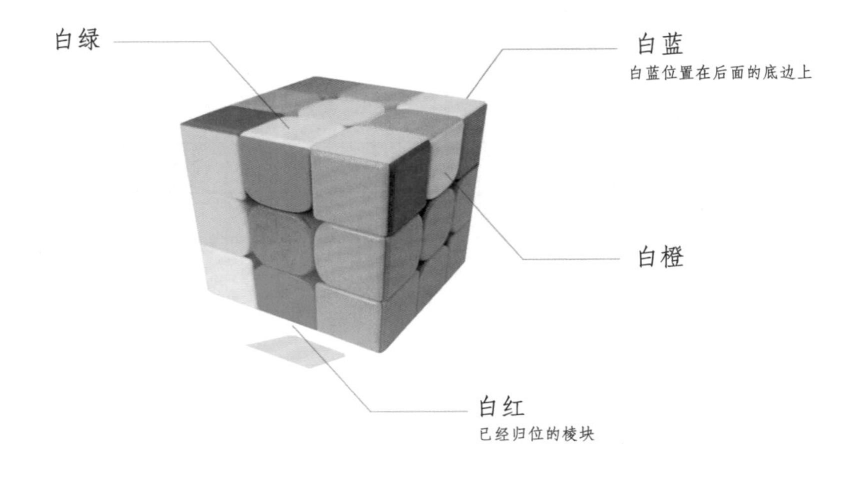

当我们知道了每个块的位置之后，我们就可以来判断将哪个白色的棱做下去会比较快一点，比较好做一点，或者说离它要去的位置比较近一点，然后我们就可以开始计划先做哪个、再做哪个了。

这里我们可以先把顶上的白绿放到右边上面，也就是做一个 U’，然后做一个 R2，这样白绿就做回到白红的右边了。

后面的白蓝在底下，我们只需要将后面一层转一个 B’，白蓝就回到了第二层左边的后面，然后左手做一个 L’ 白蓝就回到了白红的左边下面了。

接下来做白橙，在做白蓝的时候，白橙被转到了右边后面的第二层了；此时在做白橙的时候，因为不太好操作，可以把魔方整体换一个方向，将右边白绿中心面对自己，然后做一个 u’R (u’ 就是顶上两层往右转一下 )，这样底下四个白色按照相对颜色朝向就都拼好了。

这里还有最后一步，对齐底下每个棱块和中心块的颜色，做完上面的步骤后，你会发现底下的棱块和中心块的颜色是不对的（如下图）。

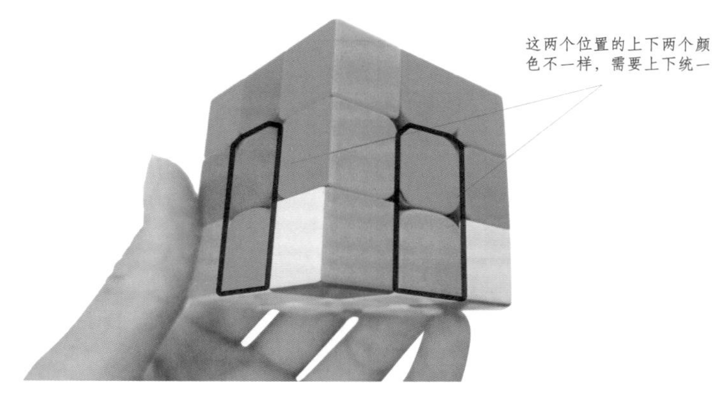


那这里应该怎么做呢？其实很简单，有两种转法，一种是转动上面两层来调整，一种是转动底下一层来调整，转动上面两层就做一个 u，如果转动底下一层就是做一个 D 即可。

做到这里底下十字就已经完全拼好了，大家赶紧尝试一下。

## 十字基础讲解案例 2

魔方朝向：白色中心放底下，红色中心面对自己

打乱公式：B2 R2 U F L' B

### 学习步骤

第一步：先将魔方正常复原。

第二步：按照打乱公式进行打乱（打乱后记得参考下图核对图案是否一致）。

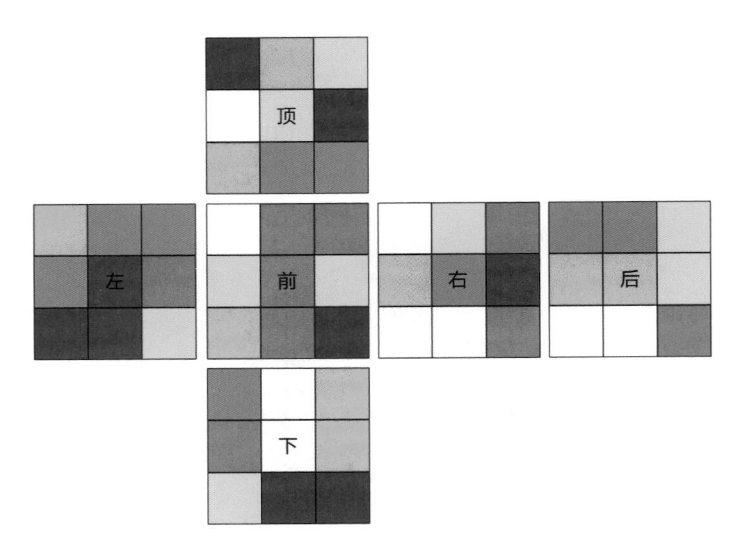


第三步：跟着老师的教学动手尝试拼出白色十字。

### 开始练习

先观察底下是否有已经拼好的白色棱块，如果有，就以这个为中心来拼其他的棱块，如果没有，那么就先看一下哪些白色棱块比较容易做下去，先选择这些比较好做的棱块做下去。在这个案例中底下没有拼好的白色棱块，所以我们只能去找一个比较好做的白色棱块做下去。那么，什么是好做的棱块？好做的棱块是一步就能到位的棱块，具体来说，二层和三层顶上的棱块会比在一层和三层侧面的比较好做一些，我们通过下页的图来直观地了解一下什么是好

做的棱。

我们再回到这个例子里，看一下在二层是否有白色棱块，在打乱的魔方中，我们可以看到白蓝、白绿是在二层、白橙是在三层顶上，这三个棱块是比较好做的，当然二层会比三层更好做下去，所以我们优先考虑将二层的棱块做下去。

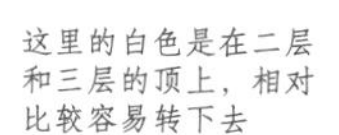

此时二层有两个棱块，一个是白蓝，一个是白绿，那么我们应该先做哪个比较好呢？其实我们可以模拟思考一下，如果先做白蓝会不会影响到其他的白色棱块呢？或者说思考一下，如果先做白蓝能不能把另外一个棱块带动一下，把另外一个白色的棱块也移动到一个比较好做的位置上呢？同样的问题也可以用在模拟移动白绿上面，如果先做白绿会不会影响其他好位置的白色棱块？能不能带动一个白色棱块到正确位置或者好的位置上呢？

当我们这样思考后，就可以动手来尝试一下，如果先做白绿的话，白蓝就会被破坏掉，这样本来位置好的棱块也被打乱了，不是一个可取的做法。我们再来看，先做白蓝，白蓝从左边下来，此时在左边三层旁边的白红也会被带到二层，白红刚好也应该在白蓝的右边，所以做白蓝刚好能将另一个白红带回到正确的位置上，这是一个很好的做法，而且没有影响到白绿和白橙的位置，做完白蓝后，接下来要做白红，只要做一个 F’ 白红就回到前面的底下了，此时白绿会受到影响，但这个没有关系，白绿还在顶面，此时我们做一个 U’ 白绿和白橙就都回到了正确位置的上方，我们再做一个 R2 白绿就回到了底下，然后做一个 B2 白橙也就回去了，并且我们可以发现底下的棱块和中心块的位置都是对好了的。

好了，这里分享的两个例子，希望我讲明白了，如果大家有问题可以联系作者，向作者提问。接下来会向大家更深入地讲解 CROSS 如何做能更快。

# 十字技巧深入解析

技巧 1——八步内必须做完十字（步骤越少越好）。

技巧 2——要能盲拧十字。

技巧 3——从底下对齐十字。

技巧 4——做一个带一个或带两个。

技巧 5——选择顺手的拿法。

## 技巧 1——八步内必须做完十字

当你在复原十字的时候，如果超过了八个步骤，就说明你的这种做法需要优化，如何在做十字之前就确定接下来八步内是否能做好呢？其实也很简单，只需要我们提前把做十字的步骤在脑海中模拟一遍就行了，也就是通过想象模拟的形式来转魔方，把所有的步骤推演一遍，就可以知道能否做完。

当然这里说的是八步内一定要做完，但是很多时候所用的步骤会更少，有可能只需要两三步就可以，那如何才能使用更少的步骤去做十字呢？这需要我们在做十字之前，先从不同的角度去观察。例如，接下来的这个例子，选择先做哪个白色棱块，会直接影响到步骤的多少。

魔方朝向：白色中心放底下，红色中心面对自己

打乱公式：U F U L' B2 F D

**学习步骤**

第一步：先将魔方正常复原。

第二步：按照打乱公式进行打乱（打乱后记得参考下图核对图案是否一致）。

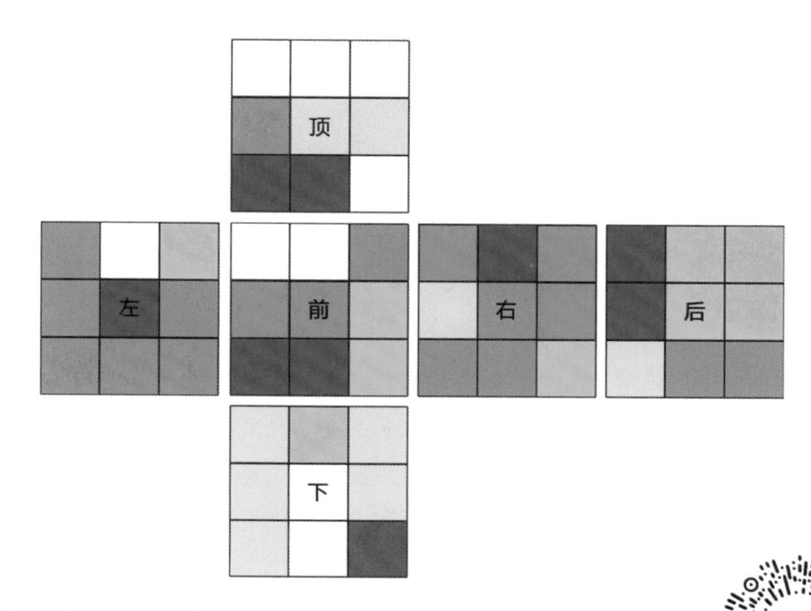


第三步：跟着老师的教学动手尝试拼出白色十字。

## 开始练习

观察底下是否有已经拼好的白色棱块，我们可以发现有一个白绿在后面。

以白绿为中心来拼其他的棱块，先观察二层和三层的棱块，因为这两个位置相对是比较好做的，我们发现二层没有白色棱块，三层后面的顶上有一个白橙，另外左边上面侧边有一个白红，前面三层侧面有一个白蓝。

此时我们就要开始计划做白色十字了，是先做白橙，还是先做白蓝或白红？这个时候我们要判断哪个先移动更好。

假设我们选择先做白橙，此时大家将魔方白色中心朝下，红色中心面对自己，摆好位置后做下面这个“十字复原步骤”：U’ L2 R’ F R’ D’。

上面几个步骤采用的是先做白橙，然后做白蓝、白红，最后将底下转动一下对齐中心块，步骤共有六步，L2 算一个步骤。

现在我们换用另外一种方式来做，同样可以先做白橙，但是转法不一样。先将魔方复原，然后再次按照上面的打乱公式打乱。此时大家将魔方白色中心朝下，蓝色中心面对自己，摆好位置后我们做一下下面的“十字复原步骤”：D’ L2 R’ F R’。

看起来和上面的步骤差不多，但是这里就比上面要少一步，很明显，这样做会更好。

下面也介绍一个不推荐的做法，很多新手朋友几乎都是这样处理十字的，是以先做白蓝的方式来做的。同样先复原魔方，然后按照前面的打乱公式打乱。然后大家将魔方白色中心朝下，红色中心面对自己，摆好位置后我们做一下下面的“十字复原步骤”：U L F’ U2 L2 U’ R u R’ u2。

这种做法总共用了十个步骤，步骤太多，且这样的做法很不顺手，步骤一多，在脑海中就很难全部模拟出来，这样的做法实在不推荐，但是很多新手都这么做过，所以我们需要在实战的过程中不断去运用做十字的技巧，不要害怕不会用，不会用很正常，如果因为害怕就不去用，那你就会永远不会用，越是陌生的东西，越要和它多打交道，你和它熟悉了，成为朋友了，这时候你就不会觉得它有多恐怖，反而会觉得它很亲切。所以我建议大家对于陌生的手法、公式以及技巧等要大胆地训练，练得好不好先不说，练着练着就会变好，就熟悉了。

### 案例总结

通过上面这个案例，我们可以发现，做十字的步骤其实可以很少，只不过需要你从不同的角度去发现它的不同做法，然后选择一种步骤、少手法好做的方式来做。所以大家在做十字的时候，不要拿到魔方就开始做，而是要多观察模拟从不同的角度、不同的棱块开始来做，哪种做法更好。然后选择一种更好的做法开始做。刚开始观察模拟时会不习惯，练习次数多了也就习惯了。

- **多角度观察**
- **尝试从不同棱块开始做十字**
- **脑海中模拟步骤**

## 技巧 2——要能盲拧十字

盲拧十字是十字提速的关键，盲拧十字能训练你多步骤推演的能力，就像下象棋一样要能走一步看好几步，你能看到的步骤越多，你的准备也就越多，做起来的时候速度就会越快。

如何盲拧十字呢？

其实很简单，就是把复原十字的步骤都记住，在复原的时候按照记住的步骤去做就可以了，所以在记忆之前要观察到一个步骤比较少的做法，这样记忆的步骤就没那么多，记忆难度就没那么大。

下面来看一个案例。

魔方朝向：白色中心放底下，红色中心面对自己

打乱公式：R’ U R2 B R L B U2

**学习步骤**

第一步：先将魔方正常复原。

第二步：按照打乱公式进行打乱（打乱后记得参考下图核对图案是否一致）。

第三步：跟着老师的教学动手尝试记住并且闭眼拼出白色十字。

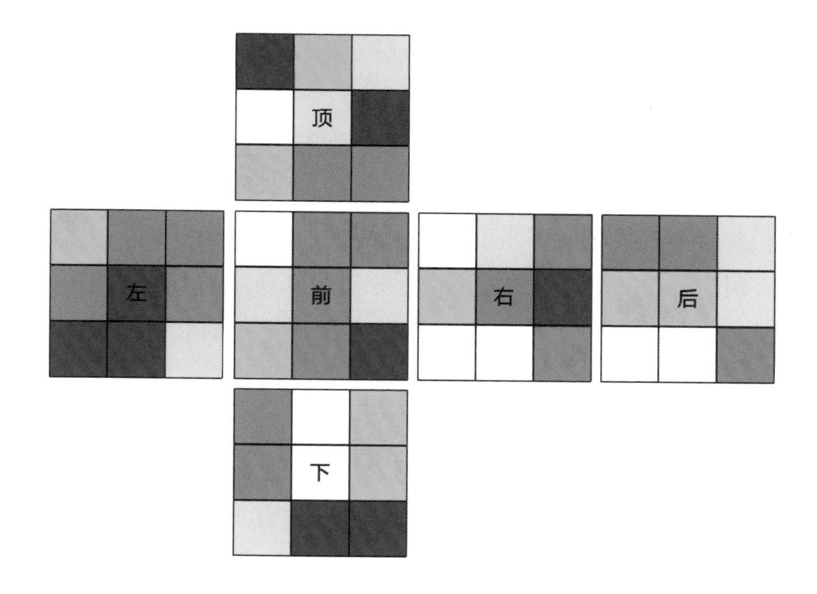


**开始盲拧练习**

先观察底下是否有已经归位的白色棱块，这个案例中我们发现底下有一个白红已经归位了，这里先不开始记忆，我们要记住的是整个十字复原的步骤。

我们再来观察其他的白色棱块，左边顶面有一个白绿棱，右边一层旁边有一个白橙，一层后面旁边有一个白蓝。

计划复原十字的步骤。请大家先自己思考一下，思考完之后，再来看看我是怎么处理这个白色十字的。这里我就假设大家已经自主思考过了。我先将白绿放到右边的顶层，因为白绿要去右边的下面，在白绿下去到一半的时候正好带动了白橙到后面二层，此时我们不动白绿先将白橙转下去，在白橙下去的时

候，后面的白蓝也刚好被带到了二层，白蓝和白绿都转到底下即可，此时的中心块刚好和底下的棱块颜色是对齐的，所以此处不需要管中心块颜色了。

想到这里，我想大家都可以尝试盲拧刚才这个十字了吧，我们刚才推演了复原十字的步骤，在推演的过程中我们要将推演的步骤记下来，然后就是闭上眼睛做十字了。

推算出来的步骤用字母表示是：U2 R'B'L'R'。

最后闭眼复原十字。

提示：同一个打乱公式可以尝试不同的复原思路。

## 技巧 3——从底下对齐十字

这里的从底下对齐十字，有两个含义。

第一，很多魔友都习惯了将白色中心放到顶上或者放到旁边去做，长期下来养成了习惯，不是说这样的做法不好，而是这种做法在做完白色十字后，还需要将白色十字放到底下，相当于给自己增多了一个步骤。而且以后在做白色十字与第一组 F2L 相结合的时候，观察起来也很麻烦，很不好观察第一组 F。

所以这里的第一点就是我们要将白色十字直接放到底下来做，基本上高手都是这么操作的。

第二，在拼底下十字最后一步的时候，有的人会选择转动顶上两层来对齐底下的棱块和中心块；也有的人会选择转动底下单独一层来达到对齐中心块的目的。这两种方式选择哪种比较好呢？一般情况下是选择转动底下一层会比较好，但是有时候可能在拼十字的时候就已经观察到了顶层的一组 F，此时如果转动底下，F 就会没那么好做，转动上面两层就会比较好做，像这种情况，我们肯定会选择转动顶上两层来调整对齐中心块了。

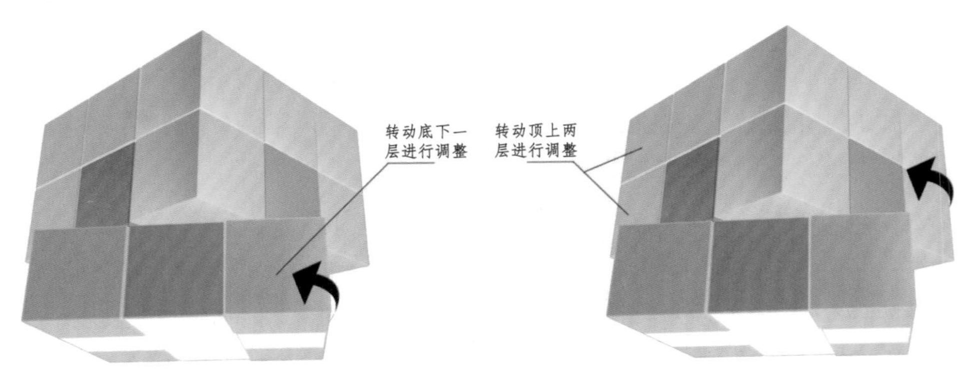

以上就是拼十字最后一步对齐中心块的两种转动方法，大家需要在实践的过程中不断地尝试，当练习的次数多了，大家就能轻松地在这两种转动方式中做出最佳选择了。

## 技巧 4——做一个带一个或带两个

“做一个带一个或带两个”这句话是什么意思呢？意思是说，我们在拼白色十字的时候，可以在做这一步的时候，把另外一个白色棱块带到一个比较好的位置，或带到一个正确的位置上，这样就可以节省步骤，而且有利于拼十字的时候做手法，下面我会通过一个案例具体讲解这句话是什么意思。

### 一带一案例

魔方朝向：白色中心放底下，红色中心面对自己

打乱公式：F’R U’ L

**学习步骤**

第一步：先将魔方正常复原。

第二步：按照打乱公式进行打乱（打乱后记得参考下图核对图案是否一致）。

第三步：跟着老师的教学动手尝试，清楚什么是一带一。

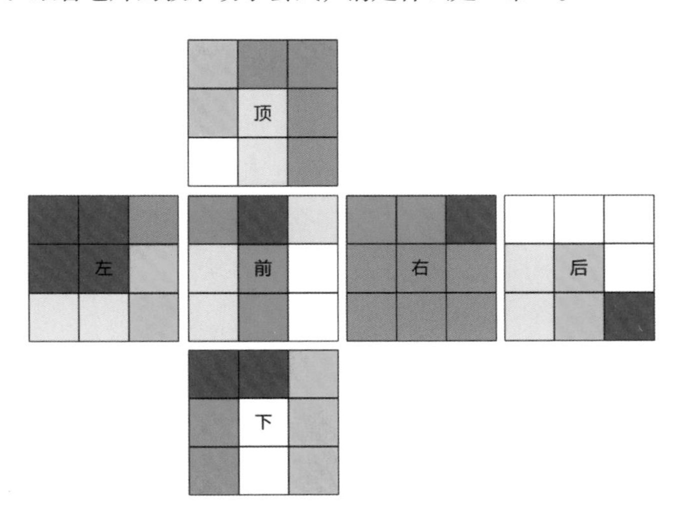

### 开始练习一带一

第一个步骤每次都是一样的，即检查底下是否有已经拼好的棱块。可以发现一层后面底下有个白橙是归位的，接下来以这个棱块为中心来拼其他的白色棱块。

查看第二层和三层是否有白色棱块，检查到二层的前面和后面有一个白绿和白蓝棱块。

寻找一带一或者一带二的棱块，假设此时我们想先把白绿做下去，但是在我们做下去的时候，还要多思考一点，那就是在我们把这个白绿做下去的时候，能不能把另外一个白色的棱块带到正确的位置上。比如这个白绿需要做一个下（R’），那么在这个白绿做 R’ 的时候能不能把后面的白红带到二层正确的位置上？其实在这里刚好白绿是可以带动白红的。

具体怎么做呢？我们只需要在将白绿做下去之前，先做一个 U，也就是顶层拨一下，把原本在三层后面边上的白红拨到白绿的上面的右边，此时我们可以做一个 (R’) 将白绿转到下面，你会发现白红就被带到了二层正确的位置上，然后我们只需要做一个 F，白红就归位了。

我在网络上分享教学视频时，有的同学评论说这个完全需要碰运气，运气好还可以做，运气不好就什么都做不了。但是我却发现我自己几乎每次都能碰到这种情况，我的运气真是太好了！

难道真的是我的运气好吗？当然不是，做这个不是碰到了才去做，而是要主动去设计这样的一带一，一带二的机会，当然如果直接有那就更好了。怎么设计这种机会？其实在上面这个实例当中我们就设计了一个一带一，白红本来是不在白绿上面的，是我们想在做白绿的时候顺带一个白色棱块到正确的位置上，然后我们才思考到要带哪个，可以带白橙也可以带白红，白蓝不需要带，那么我们就选择了带白红，白红不在白绿上面，那我们就将它先做到白绿的上面来，这样就形成了一带一的情况了。

那如果不用白绿带白红，可以用白蓝带白红吗？

当然可以。

大家可以将这个情况按照最开始的打乱公式重新打乱，我们重新开始做一次十字。

现在，假设你已经打乱好了，方向也已经摆好了（白色中心朝下，红色中心面对自己），现在我们开始先拼白蓝，如果我们用白蓝来带白红，这里会比白绿带要稍微麻烦一点，因为白蓝和白绿的位置不同，如果将白红做一个 U’ 转动到三层左边的上面，那么此时如果做一个 L’ 将白蓝直接做下去，其实并没有将白红带到正确位置，白红还是在后面。

所以这里我们要换一种做法，我们先做一个 U’ 将白红转到白蓝的上面，然后做一个 L 将白蓝转到顶面，虽然白蓝转到了顶面，但是白红的位置却刚好到了二层的正确位置，我们只需要做一个 F’ 就可以将白红做下去了，然后白蓝直接 180° 就转下去了，这样做有利于手法的操作，能够很快将白红和白蓝归位。

注意：一般都是二层或顶面的棱块带动一层或三层旁边的块。

## 一带二案例

魔方朝向：白色中心放底下，红色中心面对自己

打乱公式：F’ B R U D

### 学习步骤

第一步：先将魔方正常复原。

第二步：按照打乱公式进行打乱（打乱后记得参考下图核对图案是否一致）。

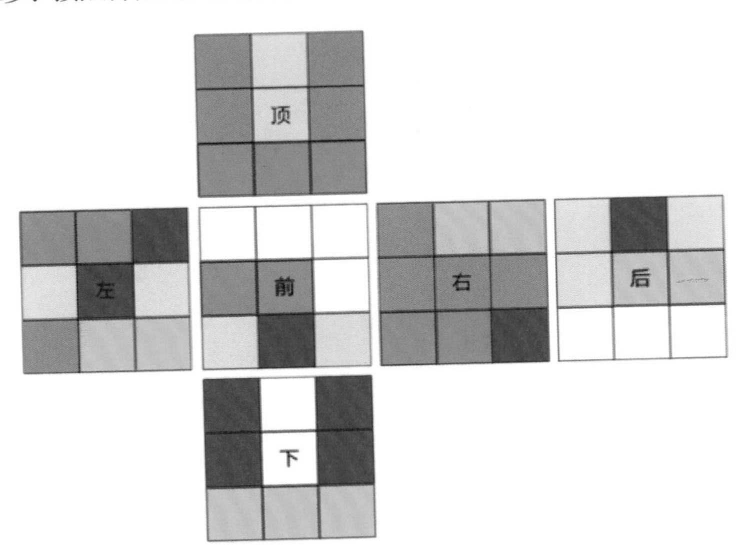

第三步：跟着老师的教学动手尝试，了解什么是一带二。

**开始练习一带二**

一如既往检查底部白色棱块，发现一层前面底下有一个白蓝。

检查二层三层是否有棱块，发现二层前面右边有个白绿，三层前面有个白红，一层后面是白橙，这里我们可以先做白绿。

检查是否有一带二的可能，在我们将白绿做下去之前，我们先思考一下能否将白橙或白红带到正确位置上，或者将白红和白橙同时带到正确的位置上。当然我们发现白红和白橙此时并不在白绿的上方，白橙也不在正上方和正下方，所以需要我们像前面的例子一样去设计这种一带一或一带二的情况，此时我们发现白红在三层旁边，我们只需要做一个 U’ 就将白红放到了白绿的位置上，底下我们也只需要做一个 D’ 就能将白橙放到白绿的底下形成一个一带一的情况，上面的可以带白红，下面的可以带白橙，那么此时我们只需要再做一个 R’，白红和白橙就都到了二层正确的位置上，然后做 F 和 B’ 就能将白红和白橙做下去了，这里注意做 F 和 B’ 的时候可以同时操作（大拇指拿住下面，中指拿住顶面中间，食指和无名指放在顶面右边的前面和后面的角块上，如下图）。

上面的白绿一次带动了白红和白橙两个棱块，这就是典型的一带二做法。

## 技巧 5——选择顺手的拿法

有些时候我们做十字时会发现很不顺手，而且需要不断整体转动魔方才能将十字拼好，特别是遇到白色棱块在一层旁边或三层旁边的情况，很不好做下去，即使做下去了也需要整体转动魔方，如果不整体转动魔方的话，那手法就不是很好做。那么，有没有既不怎么需要整体转动魔方，又比较顺手的手法呢？

当然有的，我们只需要在做十字的时候不断刻意寻找比较好的方向来做十字，有时候不好做的十字也会变得好做起来，比如下面这个例子。

## 优化十字手法 / 拿法（案例 1）

魔方朝向：白色中心放底下，红色中心面对自己

打乱公式：R' B' L

### 学习步骤

第一步：先将魔方正常复原。

第二步：按照打乱公式进行打乱（打乱后记得参考下图核对图案是否一致）。

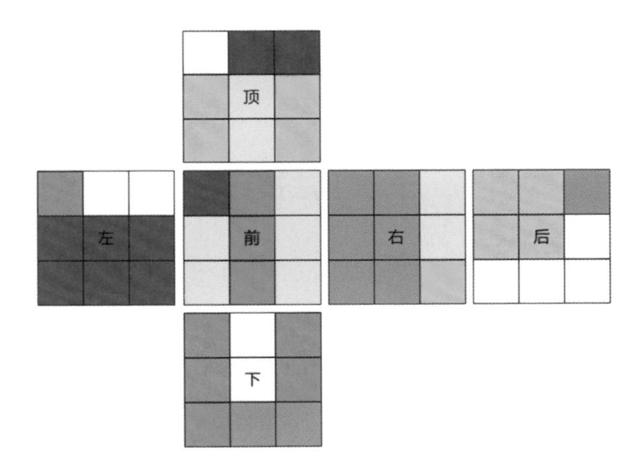


第三步：跟着老师的教学动手尝试，体会手法和拿法的不同对做十字的影响。

### 开始练习

观察底下是否白色的棱块，有一个白红在第一层下面正确的位置上，左边后面是白蓝，三层左边是白橙，白绿在一层后面。

分析先做哪个比较好，二层的白蓝是很好做的，而且二层白蓝下去的时候正好能将白橙带到后面的正确位置上，如果将白蓝做下去之后，再将白橙做下去会发现白绿也会回到正确的位置上，这里正好是一个一带二的很好的

情况。

分析手法：此时我们是以红色中心面对自己来做这些步骤，但是你会发现，如果直接在红色中心这个面开始做的话，后面的白橙就没有那么顺手，那么此时我们就需要考虑到如何做更顺手。其实我们只需要将橙色中心块面对自己来做就会更顺手一些了。

橙色中心面对自己，然后做公式 RFL，这时就会更加顺手了。

我们通过这个案例可以发现，有时候我们计算好了步骤后，还需要思考一下如何做或者怎么摆放魔方才能更顺手一些，这样更有利于提速。

## 十字手法技巧

有很多同学在做十字的时候遇到一层侧面和三层侧面的棱块不知道该怎么处理比较好，往往需要把魔方转过来转过去地做才行，这样会很影响速度。那么处理一层和三层侧面的白色棱块是否有技巧呢？肯定有的，接下来我就和大家来分别说说白色棱块在一层和三层侧面的几种做法技巧。

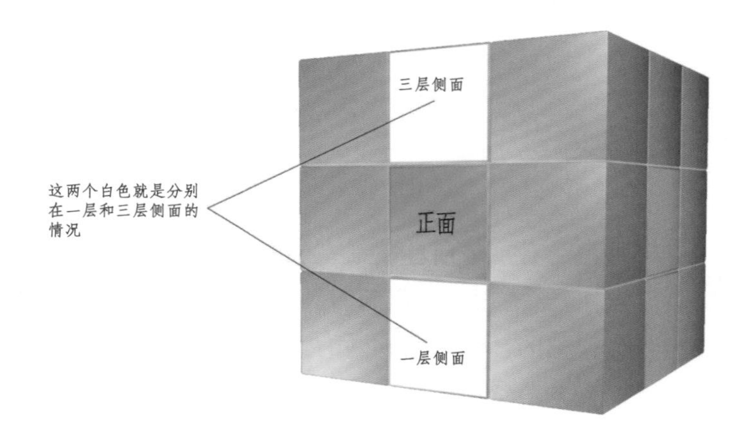

接下来通过不同的位置的不同做法，分别详细给大家进行讲解。

### 情况 1

一层底下有一个白色的棱块，其他的三个白色棱块都已经拼好了，这个白红需要在原地翻一下，白色翻到下面，红色翻到前面，那这种情况该怎么做呢？

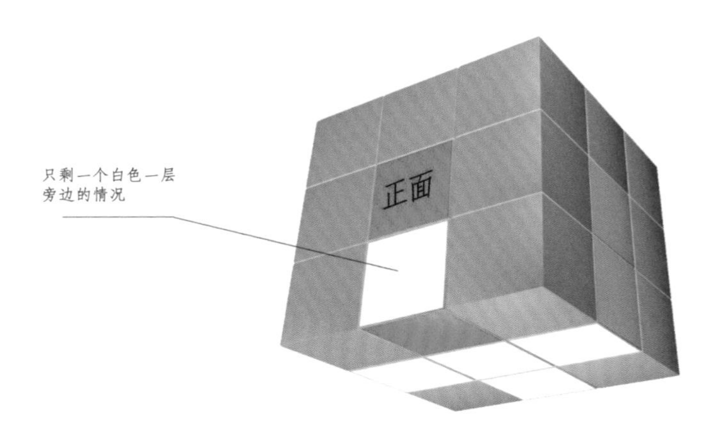


有几种不同的做法：

（1）直接做一个 F u’F（勾回勾）。

（2）将白色棱块放到右边，然后做一个 R’ u R’（下拨下），或者做一个 R u’ R。

（3）将白色棱块放到左手边做 L u’ L，或者做一个 L’ u L’。

以上几种做法大家可以尝试一下哪种更顺手，我一般选择放右边做。

### 情况 2

白色棱块在三层正前方，需要去到正前方的下面，在我教学的过程中，有很多同学经常遇到这样的情况却不知道怎么处理，下面和大家说一下几种处理方法。

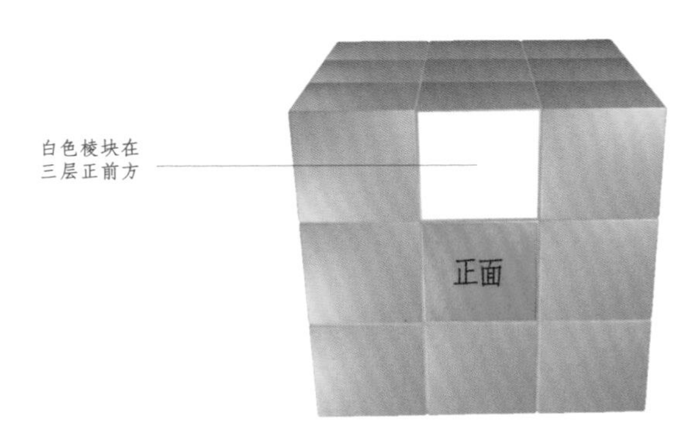

处理方法：

（1）直接做 F' u' F 或者 F u F'。

（2）直接做 U' R' F R，推荐大家这样处理，因为这样比较顺手，有时候步骤多一个也没关系，主要是要顺手，如果不顺手，虽然步骤少但时间却会受到影响。

（3）直接做 U L F' L'。

建议大家多种方法都去尝试，使用自己觉得最好做的手法。

### 情况 3

白色棱块在一层或三层的旁边，需要去正面下方的情况。

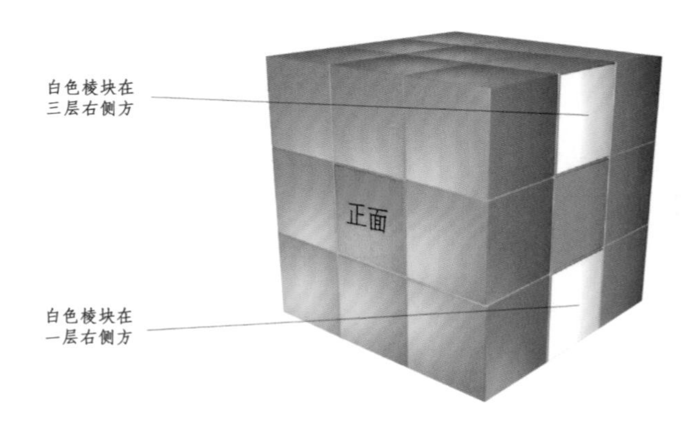


白色棱块在三层右侧上方需要去正面下方，处理方法：直接做公式 R' F R。后面之所以做一个 R，是因为有时候正面右边下面是一个已经归位的棱块，如果不做 R 就会破坏这个已经做好了的棱块。

白色棱块在一层右侧下方需要去正面下方，处理方法：直接做公式 R F 。

注意：白色棱块在左边三层和一层侧面的时候，也和这个情况 3 的做法是一样的。

# F2L

接下来介绍一下第一层底下的角块和第二层棱块同时复原的方法。

## F2L 简介

F2L 是 CFOP 四步法的第二步。在七步法中，复原前面两层是需要分开来完成的，先复原底下白色角块，四个角块都复原后，再来复原第二层的四个棱块，这样步骤会很多，所以复原速度会比较慢，但是在 CFOP 四步法里面复原步骤就会少很多，因为在四步法中角块和棱块是一起进行复原的。当然在使用 F2L 复原的时候所面临的情况会比七步法要多一些。虽然多，但是也没有很大的学习难度，因为这里我分享给大家的不是用死记硬背的方式来学 F2L 的方法，而是依靠理解的形式来学习的，只要你能理解就能触类旁通，学习就变得很简单了。所以让我们一起踏上学习之旅吧。

魔方的课程主要是依靠案例来向大家讲解和介绍的，大家也一定要跟着案例来进行练习才行，这样才能保证大家更好地理解这些技巧。所以接下来我将继续用案例给大家讲解 F2L 的原理和具体做法。

## F2L 的四种情况

以下四种情况都指的是角块和棱块都在第三层时候的状态，如果角块或棱块不在第三层，那我们需要将角块或棱块用上拨下回的方式做到第三层，然后再来判断属于以下四种情况中的哪一种。

第一种：角块和棱块已经在一起，此时只需要把角块和棱块一起做下去即可。（最简单）

第二种：角块和棱块分开，此时角块和棱块顶面的颜色相同。（藏角）

第三种：角块和棱块分开，此时角块和棱块顶面的颜色不同。（藏角）

第四种：角块的白色朝上。（藏棱）

看到这里我相信大家还是不明白，接下来我会详细地向大家讲解。我们先来看一下下面这几张图。

## 情况 1：角块和棱块已经在一起

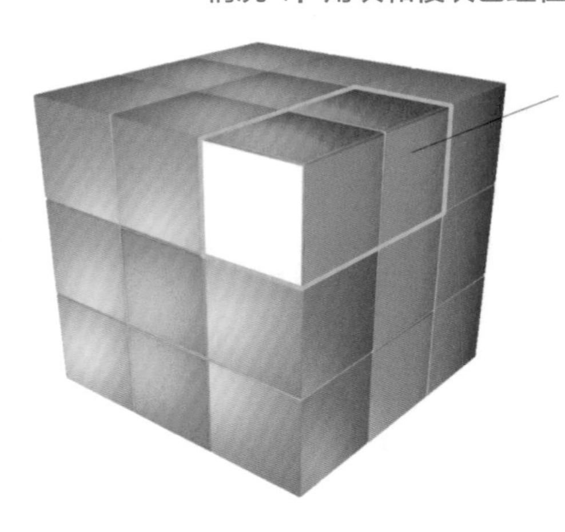

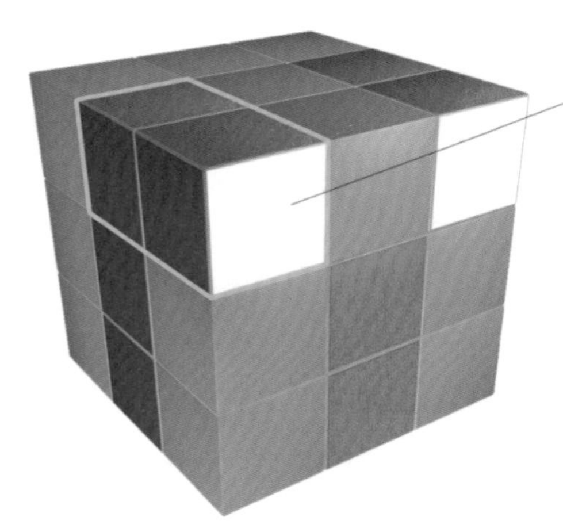

情况 2：角块和棱块分开，此时角块和棱块顶面的颜色相同

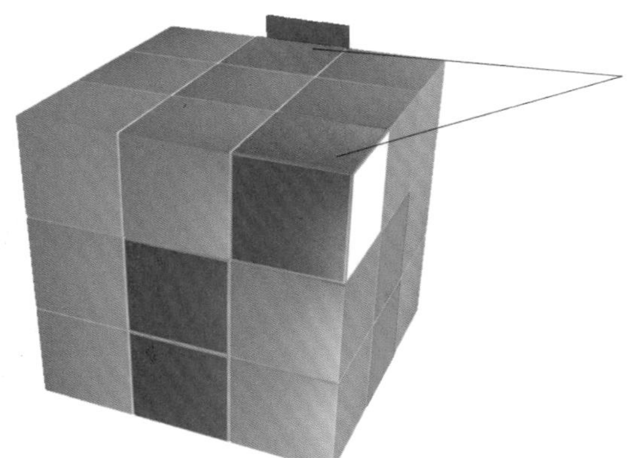


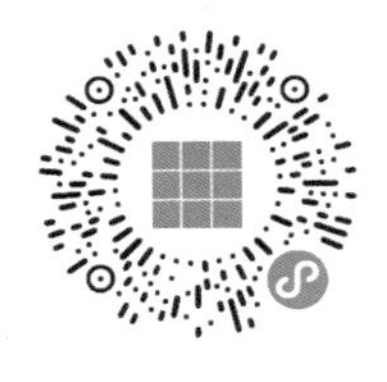

情况 3：角块和棱块分开，此时角块和棱块顶面的颜色不同

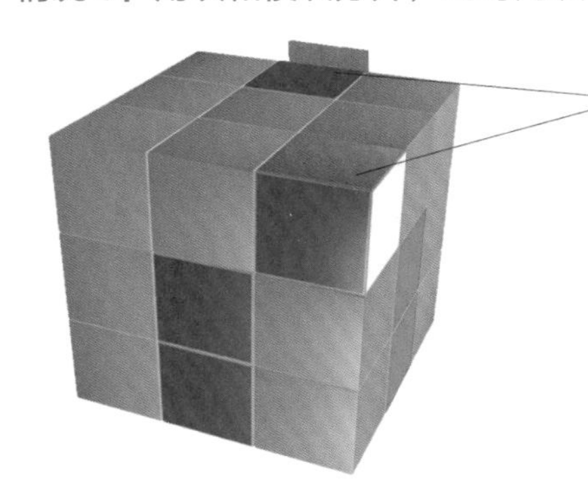


情况 3 的不同呈现形式

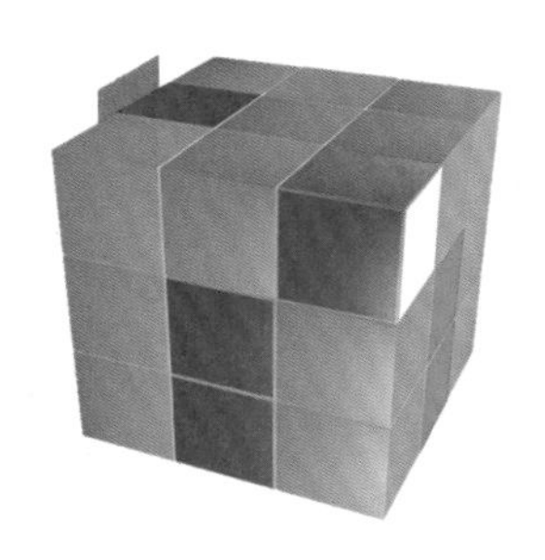

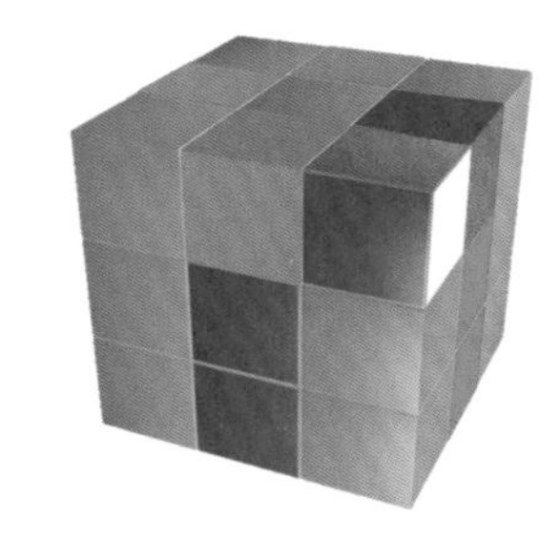

上面这三种情况，属于情况 3 的不同呈现，做法都和情况 3 一样，先将角块藏起来，然后将棱块放到正确位置后处理，这里我们只是来了解四种不同的情况，后面会详细给大家讲解如何处理这些不同的情况。

情况 4：角块的白色朝上

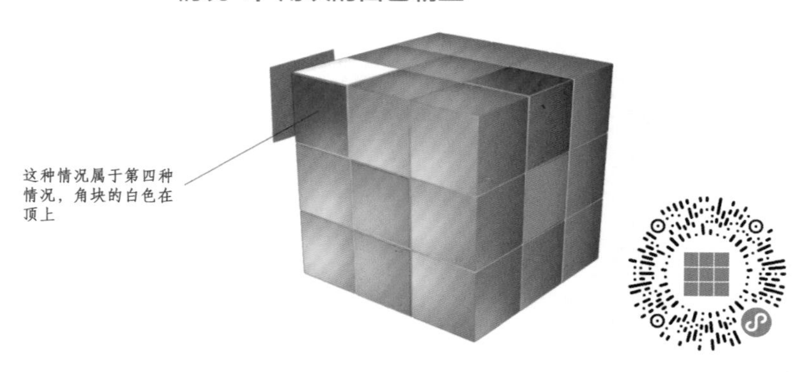


情况 4 的不同呈现形式

以上我们已经简单地认识了四种基本情况，那接下来我们就一起来看一下这四种情况的具体做法，下面我会通过具体的例子来向大家讲解每一种情况的做法。

为了让学习更有趣、更容易理解，接下来我会用故事的形式来向大家讲解四种情况，所以我会把四种情况转化为四种不同的场景，并且会把角块和棱块用一些别的名称来替代。

我们把角块和棱块当成是一对情侣。

带有白色的角块是男友，角块有三个颜色，其中白色是男人的屁股，另外还有两个颜色是男友的两边脸。

棱块是女友，棱块有两个颜色，这两个颜色分别是女友的两边脸。

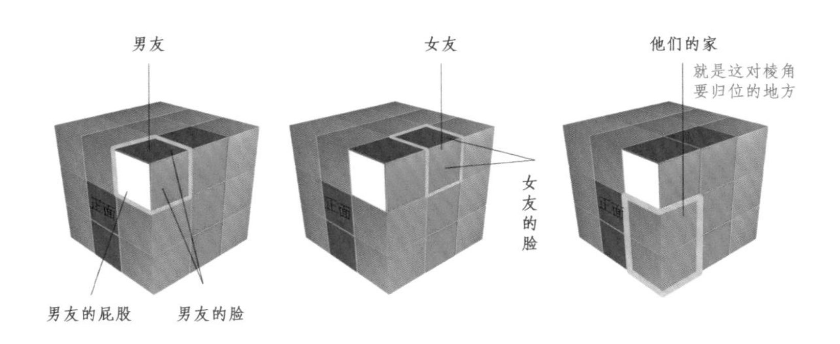


接下来就按照上面的这种设定来进行讲解。

## 案例（情况1）

先将魔方复原。

魔方朝向摆好，白色中心朝下，红色中心面对自己。

然后做一个手法 RUR'U'（上拨下回）。

做完上面的手法后，我们可以观察到白红绿这个角块和红绿棱块是在一起的，而且颜色也是相同的，这属于第一种情况，这种情况我们将它当成是男友和女友现在关系非常好的情况，他们两个人在一起非常开心、非常幸福。（如下图）。

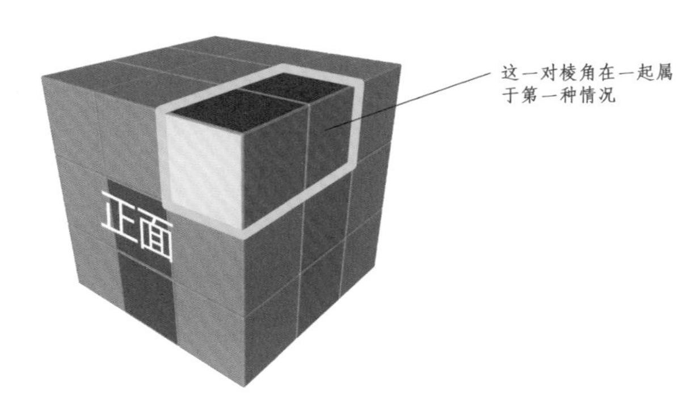


面对这种情况，我只需要做一个尾巴手法（URU'R'）。这里在做手法的时候，要注意摆好方向，要将红色中心面对自己才行。

提示：这里很多魔友在做的时候总是会做错，我在线下和线上教学的时候也发现了这个问题，后来我总结了一个小技巧：首先一定要找到他们的家，再来做手法。找到他们的家后将白色面对自己（就是男友的屁股面对自己），然后对着屁股这边做拨上回下。注意白色屁股在右边就做右手，在左边就做左手，做的时候检查一下是不是在家面前做，如果不是，就一定要先找到他们的家然后再做。下面再和大家说一下这个情况在不同位置的做法。

情侣在别人家上面的情况

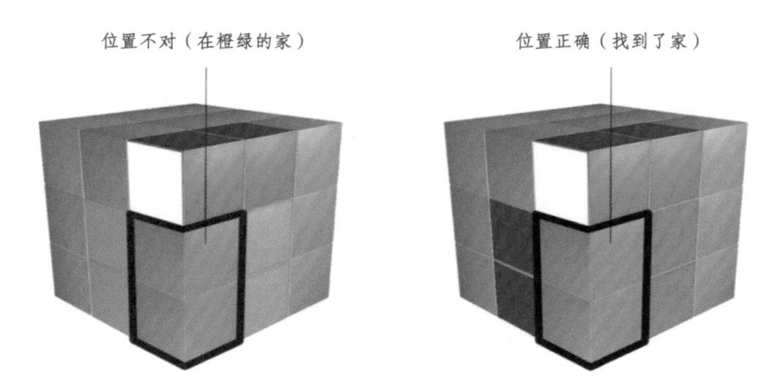


上面左边的图片里面可以看出来，红蓝这一对情侣，跑到了别人家（橙绿的家）里面去了，如果此时直接做手法 URU’R’，那么就回错了家，这样是不行的，所以要找到右边图片中的位置，也就是找到红蓝的家，然后再做手法，这样就正确了。所以在这里再次强调一下，一定要找到属于情侣自己的家才行，后面学习的时候也是一样，要找到家再做手法。

提示：如果已经在别人家里了，该怎么办呢？就像下面的图片一样：

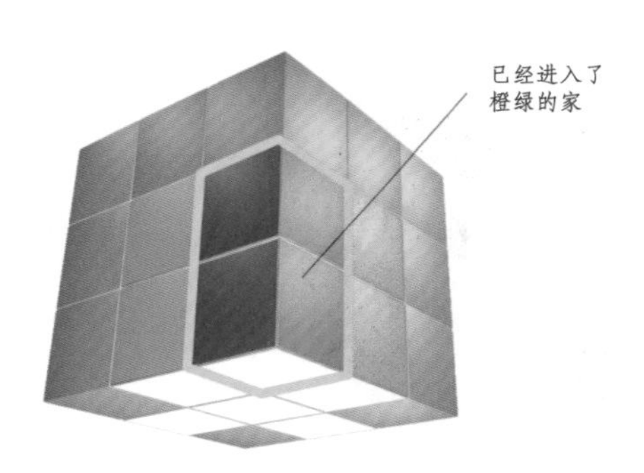


遇到这种情况可以直接对着这对情侣做一个 RUR’U’（鳄鱼手法）先将他们做到顶层，再找到他们自己的家，然后按照上面的做法做下去。

情侣在左手家的上面的情况

上面这对情侣是在左手边的家的上方，此时我们可以发现男友此时正好是在自己家的正上方，此时白色面对自己做一个左手的拨上回下就可以了，字母表示就是 U’L’UL。

讲到这里 F2L 的第一种情况就已经讲完了，希望大家能在理解的基础上去多尝试，如果尝试过程中遇到了问题，就要自主地分析该怎样处理，这样才会理解得更加深刻，才会真正触类旁通。

## 案例（情况 2）

白色棱块和白色角块都在第三层的情况 1

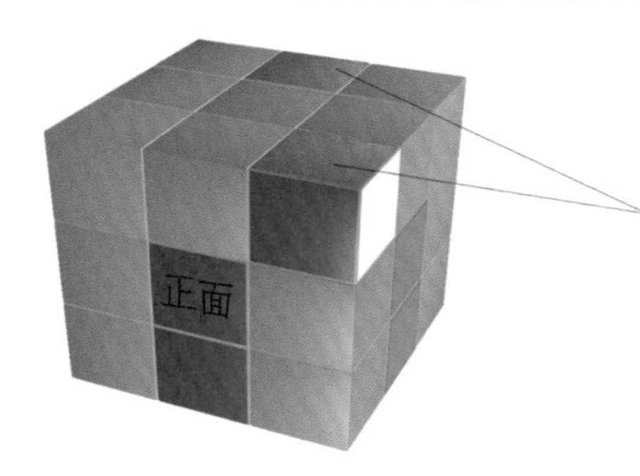

从上图中可以看出男友顶面是红色，女友顶面的脸也是红色，所以他们现在虽然分开了，但是他们并没有翻脸，我们现在要做的就是帮他们和好，让他们走到一起。

大家先将魔方复原，白色中心朝下，红色中心面对自己然后做 L’U’LU UL’UU L U’，做完后就得到上图中的情况了。

怎样让他们走到一起呢？这里就需要男友主动退让一步，要让着一点女孩子，不能和女孩子争吵，所以第二种情况就是要男友让一下，那怎么让呢?

在上面图中的这种情况，蓝色中心面对自己的时候，我们做一个 R’（也就是右手下一下），男友此时就让到了第一层下面，此时女友也不能太赌气了，所以此时要做一个 UU（也就是拨拨），走到男友的旁边，然后我们再做一个 R（就是右手上一下），此时我们就会发现男友和女友就走到一起了，当他们成功和好之后（也就是棱块和角块放到一起了），再按照情况 1 的方法找到他们的家然后做手法即可。

注意：男友在让的时候，不要影响已经回家的其他 F（也就是其他的情侣），什么意思呢？看下面这个图：

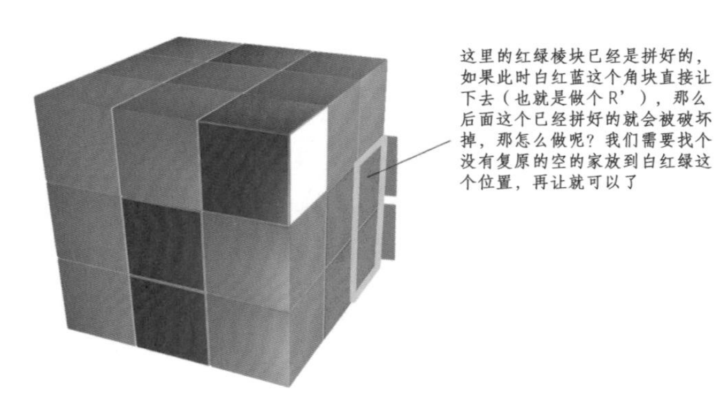


白色棱块和白色角块都在第三层的情况 2

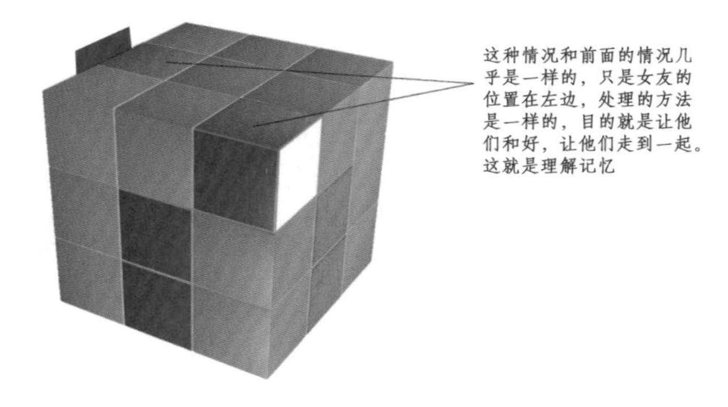


先将魔方复原；然后摆好方位，白色中心朝下，红色中心面对自己，然后做公式 L’U’LU UL’U L U’，做完后就得到上图中的情况了。

处理这种情况时，先将蓝色中心面对自己，然后男友让一下（R’），然后女友走近一点（U’），男的再回到上面来（R），做完这几步之后男得和女的就走到一起和好了，和好之后再按照情况 1 的方法处理即可。

白色角块在第三层棱块在二层或角块在一层棱块在第三层的情况

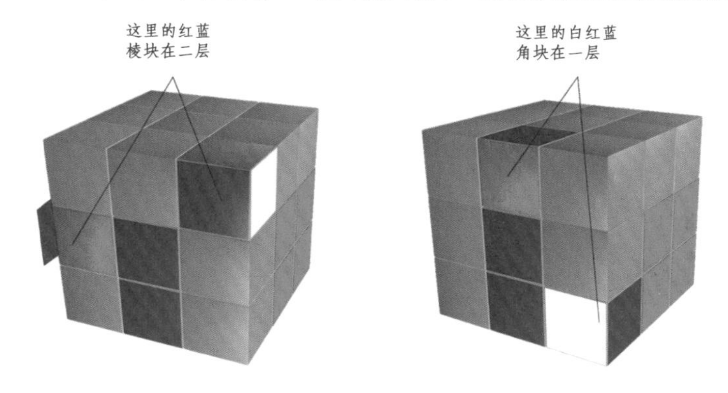


遇到这两种情况咋办？记住一句话：在下面就做上来（做到第三层），不论是角还是棱，在下面就做到顶层。怎么做？对着你希望做上去的角或棱做上拨下回（RUR’U’）就行了。注意，不论是情况 2 还是情况 3 或者是情况 4，都是一样的，在下面就先做上来，做上来之后按照不同的情况进行处理。

## 案例（情况 3）

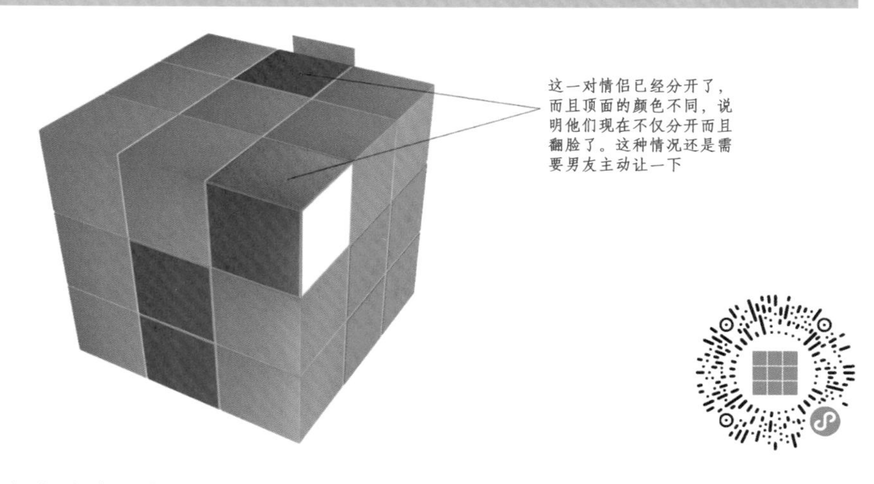


大家先将魔方复原，然后摆正方位白色中心朝下，蓝色中心朝自己，然后做 URU’R’（拨上回下，即尾巴手法），就能得到上面图片中的情况了。

像上图这种情况，现在情侣属于翻脸的状态，依然需要男友让一步，也就是让到底下，做一个 R’，然后将女友（红蓝棱块）转到男友屁股旁边的脸的对面，注意这点很重要，要放到男友屁股旁边的脸的对面，然后找到他们的家（找到家的时候是男友在家的上方，就像上图中白红蓝的角块正好在红蓝家的上面），找到家之后，正对着男友屁股旁边的脸做RUR'（上拨下）即可。

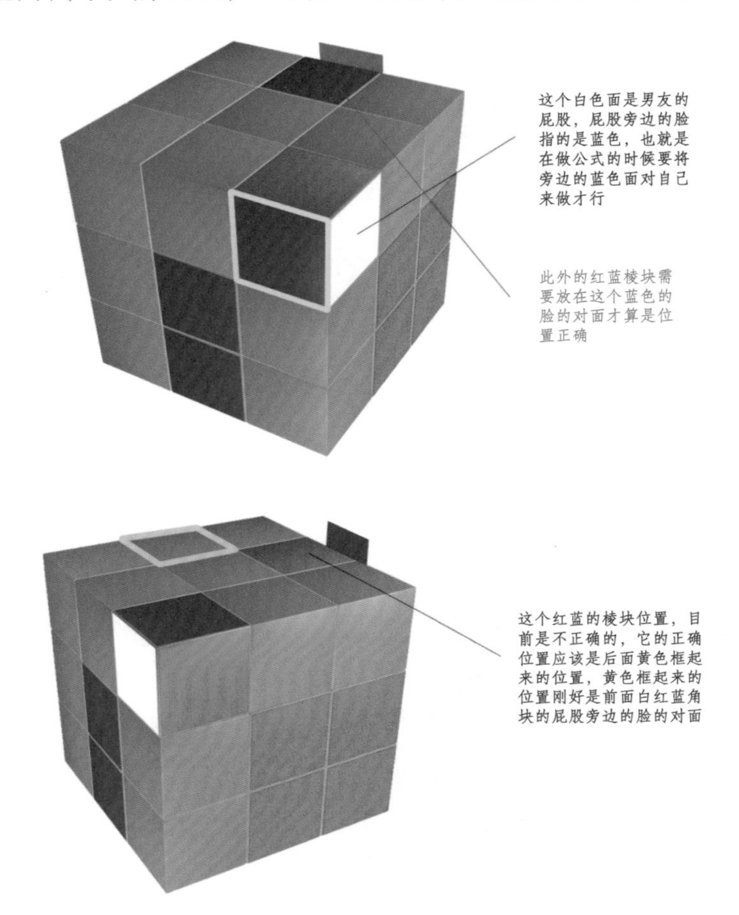


大家先将魔方复原，然后摆正方位，白色中心朝下，红色中心朝自己，然后做公式 U'L'UL U L' U L U'，就得到上面图片中的情况了。

这里的情况和前面图中的情况不一样，这里的红蓝棱块位置不对，需要调整。需要将白红蓝的角块让一下，此时我们需要将红色中心面对自己，左手做一个下（L），顶层做个 U'（将女的位置摆对），左手上来一下（L'），摆好位置后，将男友屁股旁边的脸面对自己，然后做一个左手的上拨下（L' U' L）就做好了。

角块和棱块在一起，但颜色不对（属于翻脸情况）1

这种情况和前面的处理方法几乎是一样的，我们首先要摆好位置，图中写着“正面”两个字的地方就是我们面对的那个面，当正面朝自己之后就可以按照以下步骤进行处理。

左边的图可以将男友（白红蓝）的角块做一个下（L）让一下，然后拨动顶层两下（UU），男友再回到上面（L’），此时角块和棱块的位置就摆好了，然后将男友屁股旁边红色的脸面对自己，用左手做一个上拨下（L’U’L）即可。

右边的图也是将红色中心面对自己，将男友让到下面（R’），顶层做 UU 将女友放到对面去，再做 R 将男友转回到原来的位置，此时角块和棱块的位置摆好了，然后将男友屁股旁边红色的脸面对自己（此时要注意，男友的位置并没有在自己家，所以此时必须要先找到家，再做接下来的步骤），找到家以后，再用右手做一个上拨下（RU R ’）即可。

角块和棱块在一起，但颜色不对（属于翻脸情况）2

面对这种翻脸的情况，我们可以将白红蓝角块中的白色面对自己，再来让。下面我们一起来处理一下上面两种情况。

我们先做出左边这种情况，大家先将魔方复原，然后摆正方位，白色中心朝下，红色中心朝自己，然后做公式 L’UL U L’ U’ L UU，就得到上面左边图片中的情况了。

处理左边的情况，要先让男的让下来（R’），再将女的转到左边的位置（U）（左边的位置就是正确的位置），再做个 R，然后找到他们的家，然后将男友屁股旁边的脸面对自己再做上拨下（也就是左手做 L’U’L）。

做出右边图中的情况，先将魔方复原，然后将白色中心朝下，蓝色中心朝自己，然后做公式 RU’R’ U’RUR’U（上回下回，即书包，上拨下拨，即抹布），做完就得到上面右图中的情况了。

然后将红色中心面对自己，此时我们左边的男友需要做个 L 让一下，然后做个 U’ 将女友转到右边一下，再做个 L’，将男女转回顶层，此时位置就摆好了，摆好位置之后，我们需要将白红蓝这个角块的蓝色面对自己（也就是男友屁股旁边的脸面对自己），然后右手再做上拨下（RUR’）即可。

角块在一层或棱块在二层的情况

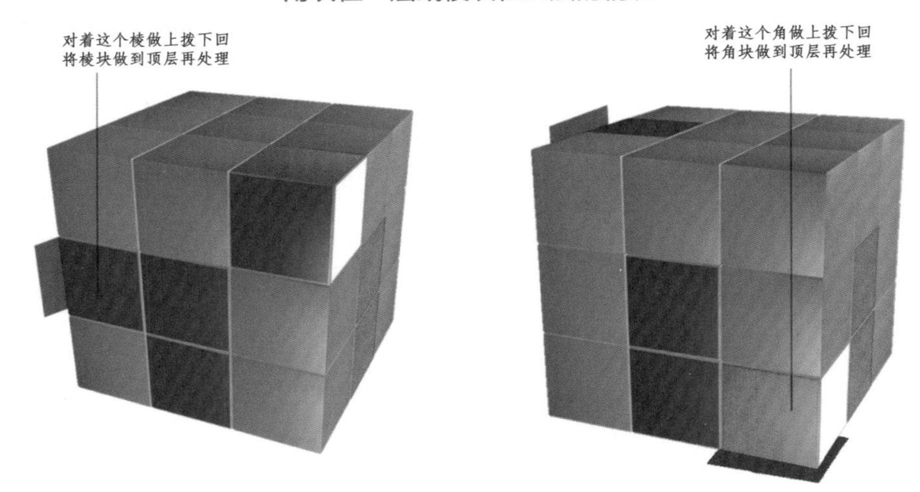


大家遇到这种在底下的棱块或角块时，将它面对自己然后做上拨下回即可做到顶层，做到顶层之后再进行处理。

学到这里，相信大家对 F2L 有了一个基本的认识，但是停留在知道的层面还远远不够，学习完方法和技巧后，一定要在魔方的实战当中不断地使用，不断地总结，只有这样这些技巧才会成为你身体的一部分，才能真正帮助你提速。

接下来讲解最后一种情况，角块的白色朝上的情况。

## 案例（情况 4）

情况 4 属于男的屁股朝天，说明此时男的很生气，这时候就不能再让男的让女的了，女友也要适当让步才行，这样关系才能和好。所以此时就需要将女的，也就是棱块藏到二楼。

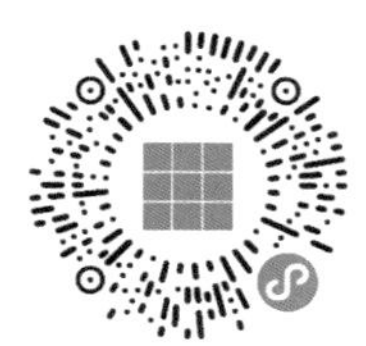

### 一种比较简单的情况

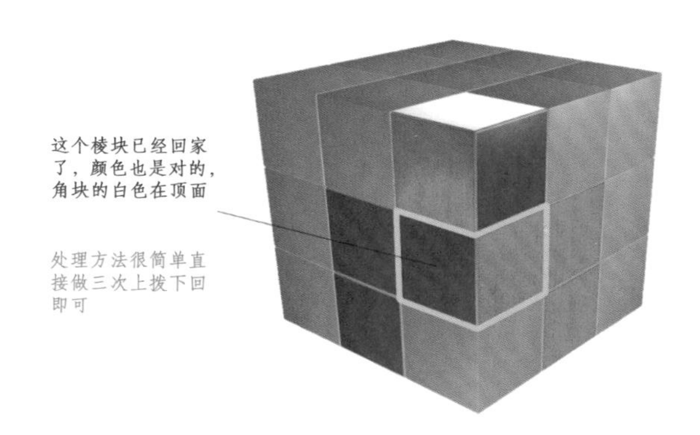


上面这种情况是比较简单的一种情况，处理方法就是将白色的角块放到已经回家的棱块的上方，然后做三次 RUR'U'（上拨下回，即鳄鱼）；如果是在左手边就用左手来做，在右手边就用右手来做。

### “男的送礼女的收”的情况

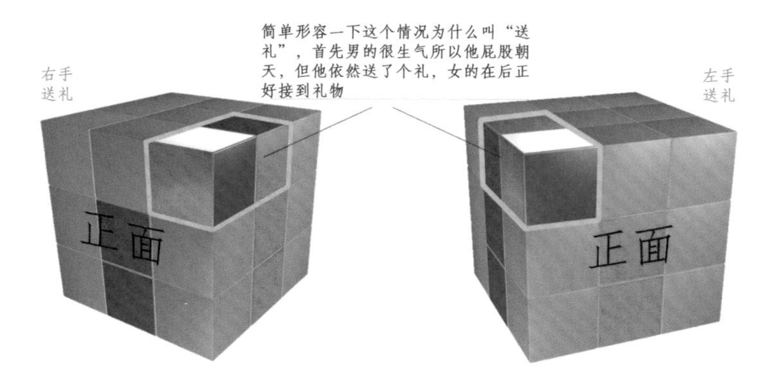


遇到送礼的这种情况，注意摆放好位置，男的一定在女的前面，不是分别在左右两边，就算你发现是左右两边一边一个，也需要整体转动魔方，调

整成为男的在前女的在后的正常情况。

调整好位置之后，在左边的情况就做左手的公式，在右边的情况就做右手的公式，公式在下面：

左边的公式：L' U' U' L U L' U' L。

右边的公式：R U U R' U' R U R'。

中文表示：上拨拨下回上拨下。

注意不要像下面的图片一样摆放，否则是做不出来的。

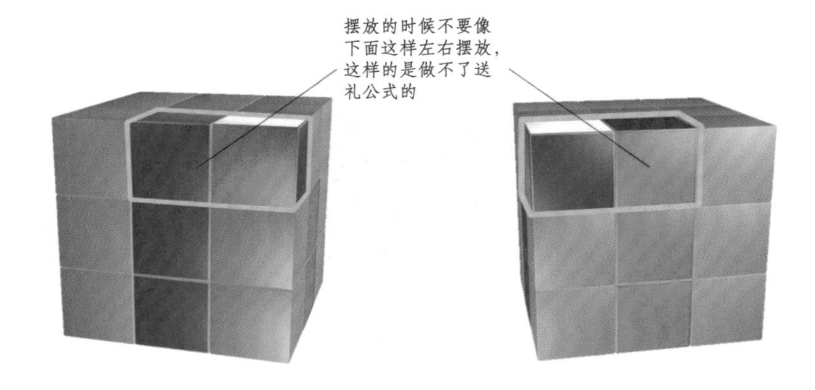


## 男友和女友一左一右的情况（男的在右女的在左的情况）

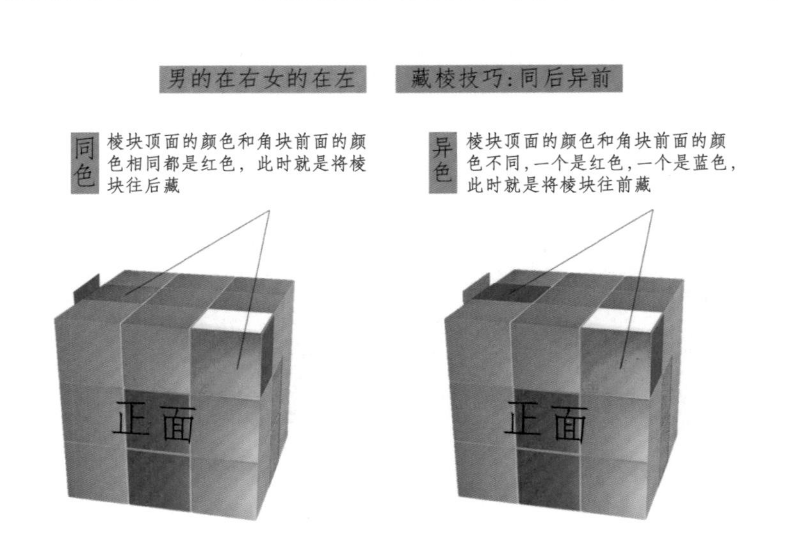


接下来具体说明一下男的在右女的在左的情况的具体做法，在我们学习

之前，首先需要做出上面的情况。

### 同色情况学习步骤

大家将魔方复原。

摆好方位：白色中心朝下，红色中心面对自己。

做公式 L' U' L U L' U' U' L，做完公式后得到一个男在右女在左的情况，并且此时角块的前面是红色，棱块上面也是红色，说明是同色，我们使用“同后异前”的技巧来处理这个情况，就是将棱块往后面藏一下，也就是左手做一个 L'（左手上一下），女的藏起来后，男友（白红蓝的角块）也要做 UU（拨拨）走到女友的上面，然后左手做 L（左手下一下），此时你就能发现白红蓝的角块和棱块都已经放到一起了，男友女友牵手成功了，接下来就按照前面的做法将他们做回家就可以了。

### 异色情况学习步骤

大家将魔方复原。

摆好方位：白色中心朝下，蓝色中心面对自己。

做公式 R U R' U' R U' R' U，做完公式后得到一个男在右女在左的情况，此时将红色中心面对自己（此时我们做出来的情况就和上面图中所呈现的是一样的），并且此时角块的前面是红色，棱块上面是蓝色，说明是异色，我们使用“同后异前”的技巧来处理这个情况，就是要将棱块往前面藏一下，也就是左手做一个 L（左手下一下），女的藏起来后，男友（白红蓝的角块）也要做 U（拨）走到女友的上面，然后左手做 L'（左手上一下），此时你就能发现白红蓝的角块和棱块都已经放到一起了，男友女友牵手成功了，接下来就按照前面的做法将他们做回家就可以了。

注意：我们藏棱块的时候，不管是往前面藏，还是往后面藏，都要注意不能影响到已经做好的 F（就是已经回家的情侣），如果会影响到已经做好的情侣，那就需要找一个没有拼好情侣的空位去藏，下面再次用图片和大家说明。

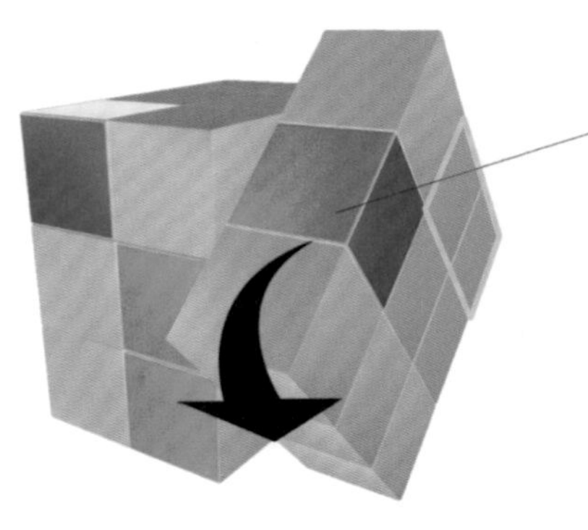

这个红蓝的棱块在藏下来的时候，后面的橙绿棱块和角块就会被转到三层来，这样就会打乱已经拼好的F，所以我们在藏的时候，后面这个位置不能是拼好的F，需要一个空位

如何找到一个空位？在上面的情况中，可以转动底下两层，直到后面的一个位置是一个空位为止

## 男友和女友一左一右的情况（男的在左女的在右）

### 同色情况学习步骤

大家将魔方复原。

摆好方位：白色中心朝下，蓝色中心面对自己。

做公式 R U R’ U’ R U U R’ U’，做完公式后将红色中心面对自己，得到一个男在左女在右的情况（如下图），并且此时角块的前面是蓝色，棱块上面也是蓝色，说明是同色，我们使用“同后异前”的技巧来处理这个情况，就是要将棱块往后面藏一下，也就是右手做一个R（右手上一下），女的藏起来后，男友（白红蓝的角块）也要做UU（拨拨）走到女友的上面，然后右手做R’（右手下一下），此时你就能发现白红蓝的角块和棱块都已经放到一起了，男友女友牵手成功了，接下来就按照前面的做法将他们做回家就可以了。

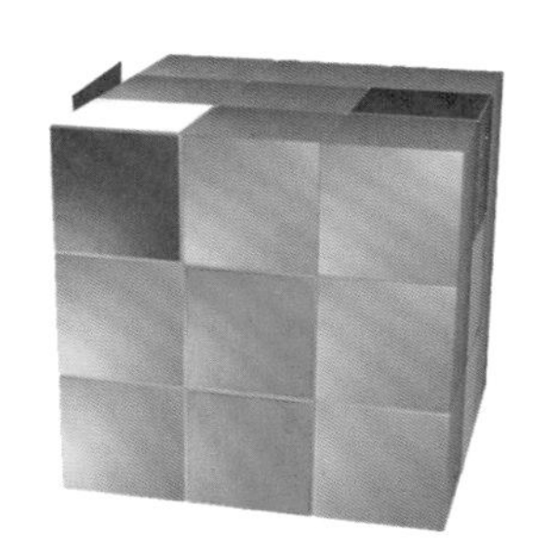

### 异色情况学习步骤

大家将魔方复原。

摆好方位：白色中心朝下，红色中心面对自己。

做公式L' U' L U L' U L U U，做完公式后得到一个男在左女在右的情况（如下图），并且此时角块的前面是蓝色，棱块上面是红色，说明是异色，我们使用“同后异前”的技巧来处理这个情况，将棱块往前面藏一下，也就是右手做一个R（右手下一下），女的藏起来后，男友（白红蓝的角块）也要做U'，走到女友的上面，然后右手做R（右手上一下），此时你就能发现白红蓝的角块和棱块都已经放到一起了，男友女友牵手成功了，接下来就按照前面的做法将他们做回家就可以了。

## 相同的情况不同的位置

角块在前，棱块在后　　棱块在前，角块在后　　角块和棱块都在后

上面这六种看起来不同的情况，其实都属于前面的基本情况（注意是正面朝自己的时候看到的情况），这些情况都是需要女的让一下，男友走过去放到一起。很多同学看到这些情况会有点迷糊，这里我们其实只需要将魔方整体转动一下方向，就变成前面的情况了。

请大家记住这一点：遇到上面这些情况，我们要整体转动魔方。为什么要整体转动魔方？因为我们需要将上面这些情况，调整为角块和棱块一个在左一个在右的情况，角块和棱块都不要放到后面，然后按照前面四种基本情况去处理就行了。

例如，上图中最左边的情况，我们可以将魔方整体转动一下，将红色中心面对自己，这样就变成了左边是白红蓝的角块，右边是红蓝的棱块，然后根据“同后异前”的技巧去藏棱就行了。

再比如最后的一种情况，角块在后面，我们可以整体转动魔方 180° ，将蓝色的中心面对自己，这样棱块就在左边，角块就在右边了，这样就调整好了。

## 角块或棱块在下面的情况

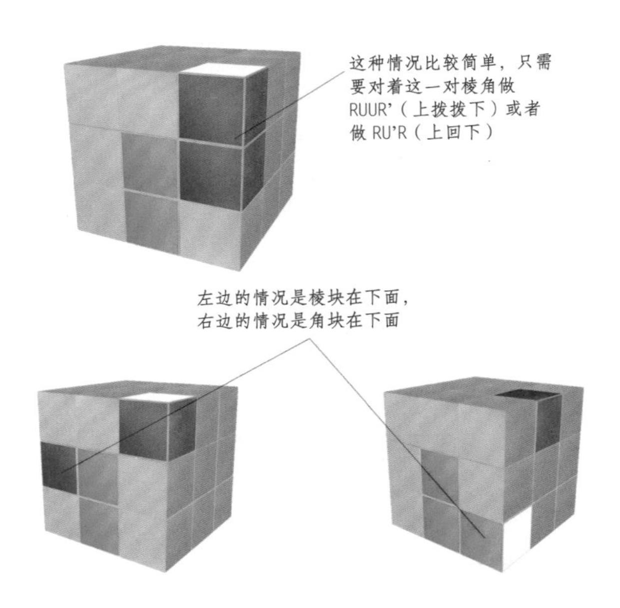


遇到上面这种角块在一层或者棱块在二层的情况，只需要对着他们做上拨下回手法做到第三层上面来，然后按照前面的方法处理就可以了。

对着这个角块或棱块做上拨下回的意思是，角块或棱块在左边就做左手，在右边就做右手。

## 固定搭配：眼镜公式

做出眼镜公式的情况：先复原魔方，白色中心朝下，蓝色中心面对自己，然后做公式R U R' U' R U U R' F' U U F U'。

眼镜公式的做法：眼镜面对自己，然后找到自己的家，此时眼镜在左边就用左手做下面公式，眼镜在右边就用右手做下面公式。

右手公式：R U R' U' U' R U R' U' R U R'（右手：上拨下回，回，上拨下回，上拨下）。

左手公式：L' U' L U U L' U' L U L' U' L（左手：上拨下回，回，上拨下回，上拨下）。

## 固定搭配：箱子公式

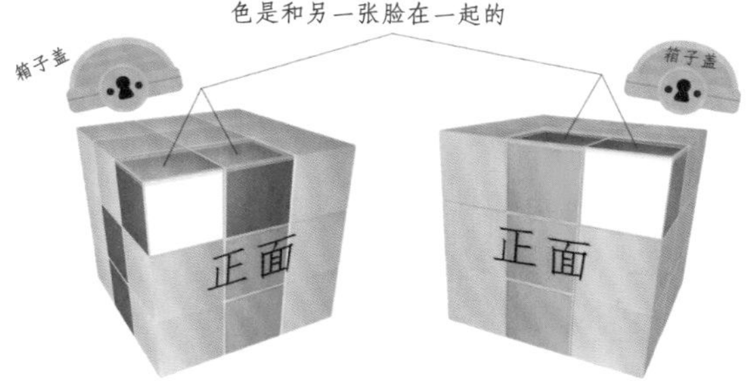

做出箱子公式的情况（举例右手）：先复原魔方，白色中心朝下，蓝色中心面对自己，然后做公式 R U R' U' U' R U' R' U U F' U U F U'。

箱子公式的做法：角块和棱块同时面对自己（不要一前一后，而是一左一右），然后找到自己的家，此时箱子在左边就用左手做下面公式，箱子在右边就用右手做下面公式。

右手公式：M U L F' L' U' M'（M 代表中间下一下，可以查看本书附录中的字母表）。

左手公式：M U' R' F R U M'（M 代表中间上一下）。

以上就是对理解学习 F2L 的讲解了，希望我讲明白了，如果不明白的同学可以联系我，我会耐心地解答你的问题。F2L 后面还有部分的学习内容，我建议大家先按照理解的方式来学习 F2L，等理解内容以后，就可以更深入地学习 F2L 的四向公式，以及更多更简便的做法，有的同学会问，为什么不直接教更简便的方法呢？这是因为简便的方法太多了，很难快速上手，很容易让大家产生不想学习的冲动，反倒是抓住 F2L 的原理，根据原理从根本上来进行学习，举一反三，才能一通百通，在短时间内掌握 F2L 的精髓。

注意：如果大家已经能按照理解的方式去做 F2L，大家还可以去尝试记忆一些公式（包括非标做法，后面也会讲解）。

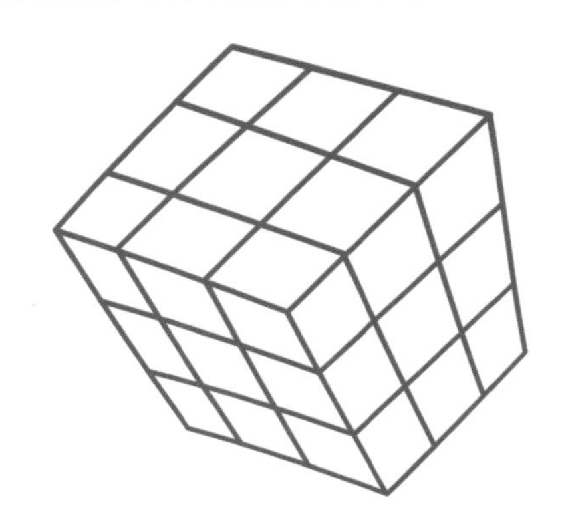

# 50 个 OLL 的故事记忆

## OLL-50

注意：看情况图的时候不需要看灰色的部分！只需要关注黄色的部分即可。

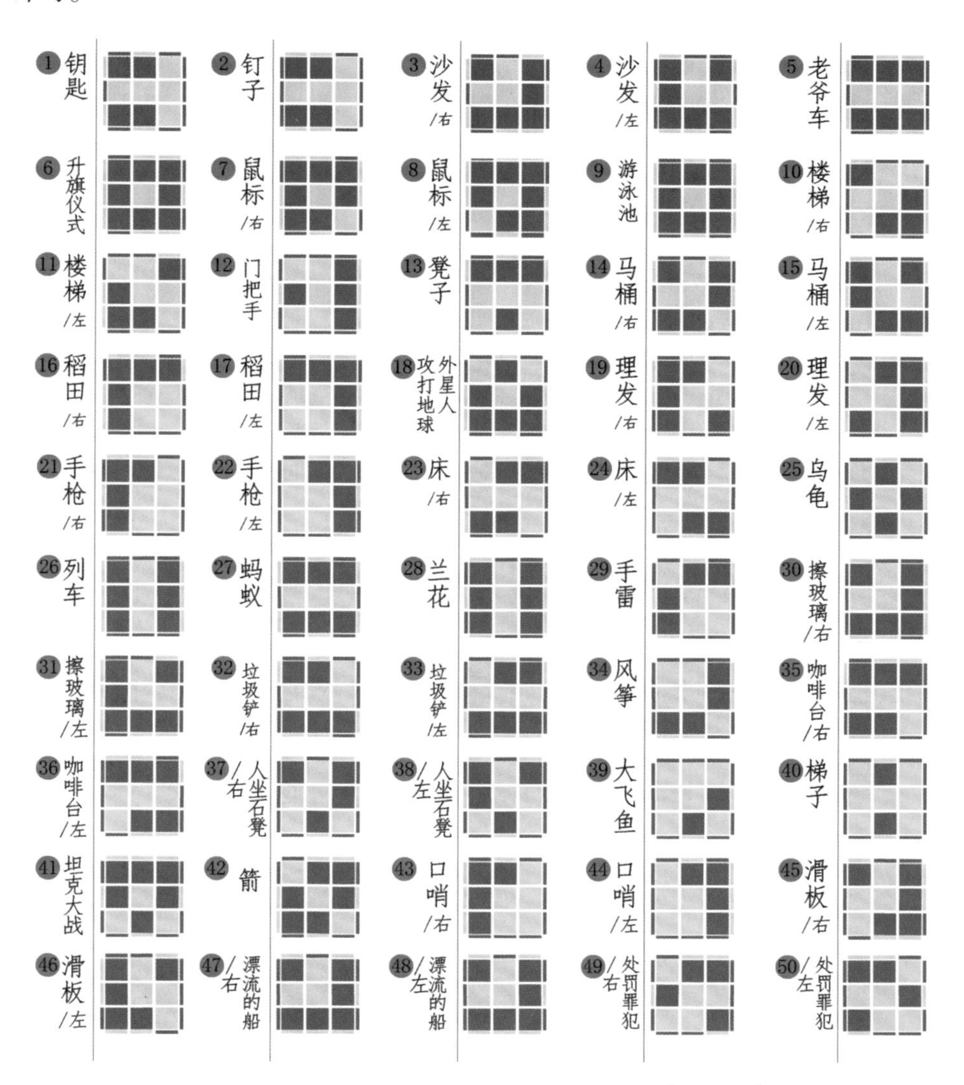

在已经熟练的公式前面打钩！

□ 钥匙
□ 钉子
□ 沙发/右
□ 沙发/左
□ 老爷车
□ 升旗仪式
□ 鼠标/右
□ 鼠标/左
□ 游泳池
□ 楼梯/右
□ 楼梯/左
□ 门把手
□ 凳子
□ 马桶/右
□ 马桶/左
□ 稻田/右
□ 稻田/左
□ 外星人攻打地球
□ 理发/右
□ 理发/左
□ 手枪/右
□ 手枪/左
□ 床/右
□ 床/左
□ 乌龟
□ 列车
□ 蚂蚁
□ 兰花
□ 手雷
□ 擦玻璃/右
□ 擦玻璃/左
□ 垃圾铲/右
□ 垃圾铲/左
□ 风筝
□ 咖啡台/右
□ 咖啡台/左
□ 人坐石凳/右
□ 人坐石凳/左
□ 大飞鱼
□ 梯子
□ 坦克大战
□ 箭
□ 口哨/右
□ 口哨/左
□ 滑板/右
□ 滑板/左
□ 漂流的船/右
□ 漂流的船/左
□ 处罚罪犯/右
□ 处罚罪犯/左

# 钥匙

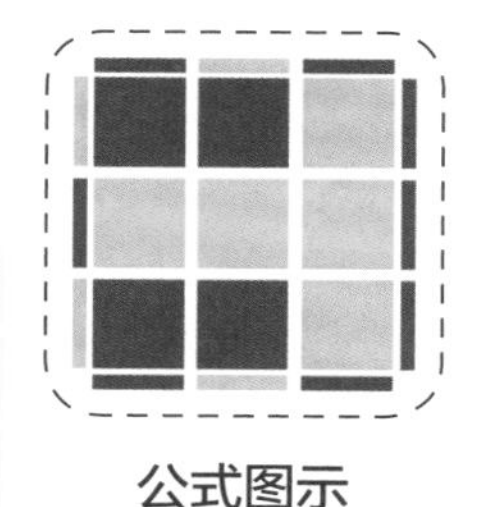
公式图示

字母：F R U R' U' F'

分段：F（R U R' U'）F'

编码：小汽车

## 如何得到这个情况?

只需要做 F U R U' R' F' 这个公式即可。

## 公式名称由来

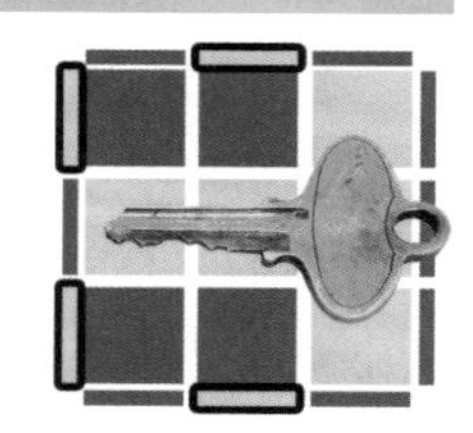

顶面中间黄色的部分看起来像是一把钥匙，右边的一竖黄色是钥匙的手柄，其他几个黑框框起来的部分也要注意，因为还有另外一个情况和这个类似，在后面一页会向大家介绍。这里是根据外形将这种情况命名为“钥匙”的。

## 故事记忆

这个公式很简单，所以故事联想也相对比较简单：想象拿着钥匙插进小汽车的锁里面，打开了小汽车。

温|馨|提|示

“小汽车公式”在前面学习编码的时候就学过，忘记的同学可以回到前面查看。

## 拓展

要把小汽车公式当成一个手法来训练，直到非常熟练才行。遇到钥匙公式要和另外一个“钉子公式”区分开。

# 钉子

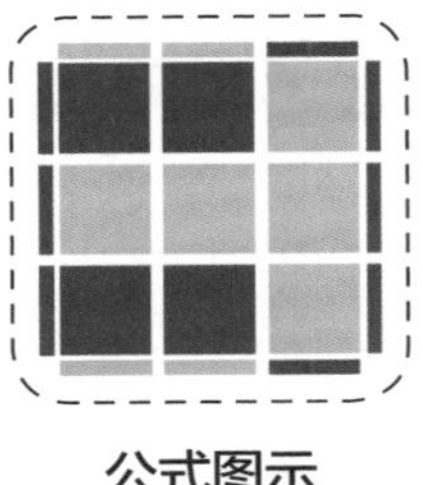

公式图示

字母：R U R' U' R' F R F'

分段：（R U R ' U'）（R' F R F'）

编码：鳄鱼，钩子

## 如何得到这个情况？

只需要做 F R U' R' U' R U R' F' 这个公式即可。

## 公式名称由来

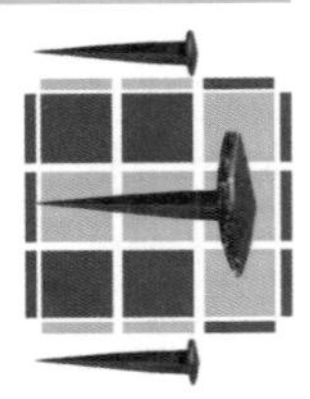

钉子公式和钥匙公式有点像，注意用旁边的两个黄色来区分，右边的三个黄色代表钉子的头部，中间横着的三个黄色代表钉子的身体，上面和下面两个黄色代表两个小钉子。遇到了这个钉子公式，就按照右边图中的位置摆放就行了。

## 故事记忆

这个公式也比较简单，步骤比较少，所以故事联想也相对比较简单。

故事联想：想象拿着钉子去钉一只鳄鱼，却钉不进去，发现鳄鱼肚子里面全是钩子。

温馨提示

这个公式很顺手，做的时候几乎一秒钟都不用，所以大家就需要能非常熟练地运用这种公式。

## 拓展

接下来的公式基本都会使用到前面所学习的编码，所以大家一定要多练习前面的编码，要做到非常熟悉才行。

# 沙发 / 右

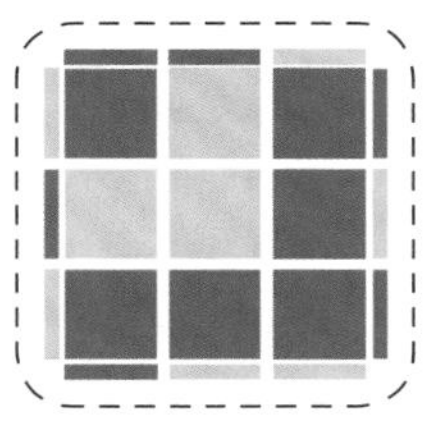

公式图示

字母：F R U R' U' R U R' U' F'

分段：F（R U R' U'）（R U R' U'）F'

编码：勾，鳄鱼，鳄鱼，推

## 如何得到这个情况?

只需要做 F U R U' R' U R U' R' F' 这个公式即可。

## 公式名称由来

右边图中是右手的沙发，主要看顶面的黄色。顶面只有三个黄色，这三个黄色的形态看起来像是一个沙发的形状，底下右边有两个连在一起的黄色，这两个黄色是沙发下面的地毯垫子，注意看这两个垫子是在左手边还是在右手边，如果在左边就是做左手公式，在右边则是做右手公式。

## 故事记忆

故事联想：想象你用手向沙发里面钩了一下，结果钩到了两条鳄鱼，于是你赶紧将它们推走。

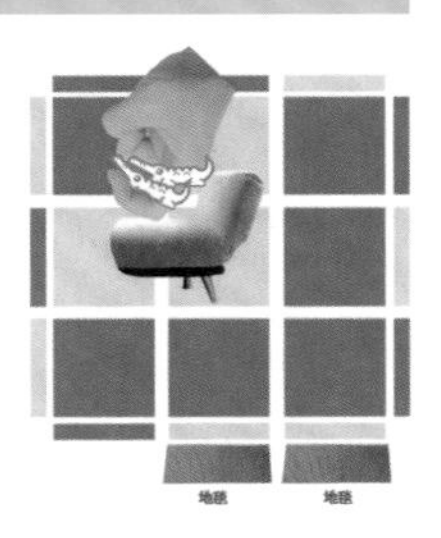

温馨提示　注意摆放好公式的位置。

## 拓展

这个公式其实很简单，但是很多同学总是做不出来，这是因为他们没有将魔方摆放好位置，或者他们看错了情况。这个情况，一是看顶面的三个黄色，另外也要注意看旁边的黄色，除了地毯的两个黄色连在一起，其他的黄色都是分散的。

# 沙发 / 左

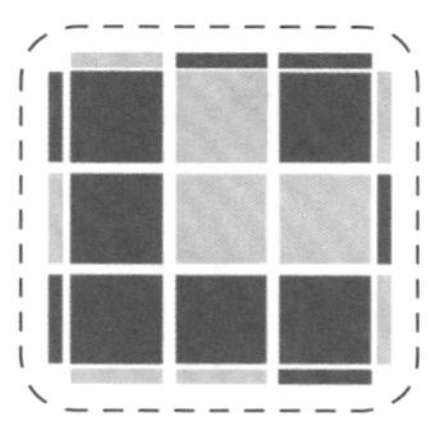

公式图示

字母：F’ L’ U’ L U L’ U’ L U F

分段：F’（L’ U’ L U）（L’ U’ L U）F

编码：左手：勾，鳄鱼，鳄鱼，推

## 如何得到这个情况？

只需要做 F’ U’ L’ U L U’ L’ U L F 这个公式即可。

## 公式名称由来

和沙发 / 右的公式一样。

## 故事记忆

故事联想：同右手，做右手镜像公式即可。

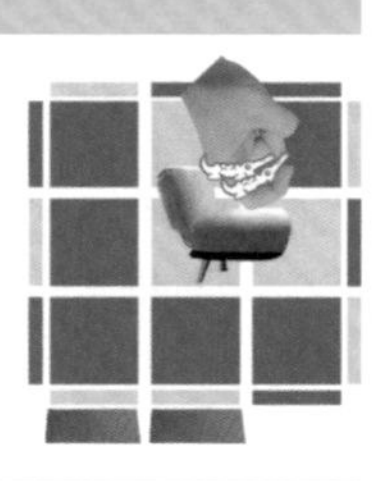

温馨提示　注意摆放好公式的位置。

## 拓展

多练，形成肌肉记忆就永远不会忘记。

# 老爷车

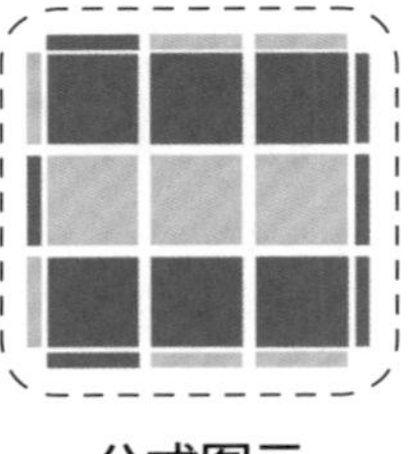

公式图示

字母：f R U R' U' f' f R U R' U' f'

分段：f（R U R' U'）f', f（R U R' U'）f'

编码：大巴车，大巴车

## 如何得到这个情况？

只需要做 f U R U' R' U R U' R' f' 这个公式即可。

## 公式名称由来

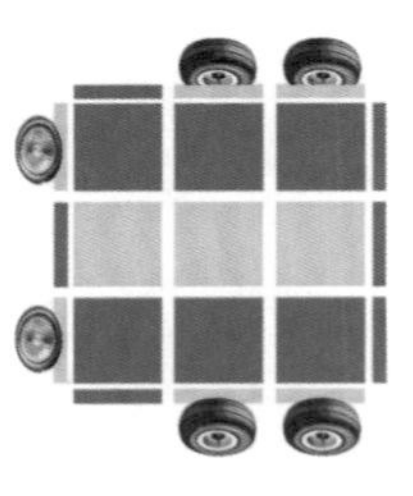

右图中，中间有三个黄色，我们把它们当成是老爷车的车身，上下两个黄色当成是车轮，前面两个黄色是车灯，所以整个情况看起来很像一个老爷车。如果大家不知道老爷车是什么样子，可以到网上查看一下。

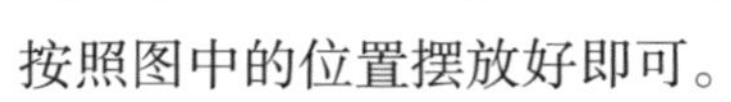

按照图中的位置摆放好即可。

## 故事记忆

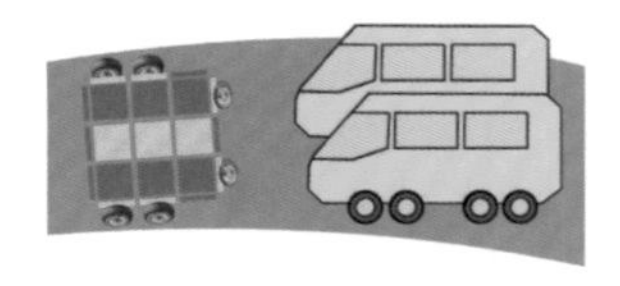

故事联想：想象你开着老爷车在大街上，突然车子自动加速，结果撞到了两辆大巴车。

温馨提示　看到老爷车就联想和老爷车有关的故事，从而回忆起来公式的做法。

## 拓展

这个公式和前面几个公式都和小汽车、大巴车有关，也都比较好记忆，所以放到了一起来进行学习。

# 升旗仪式

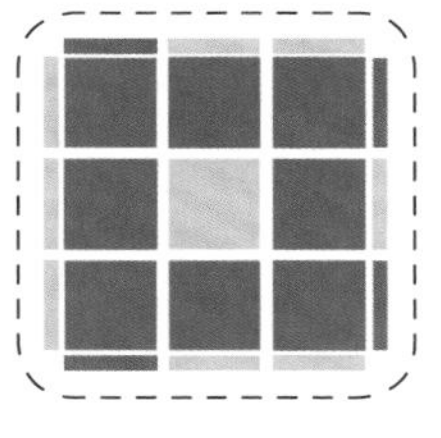

公式图示

字母：F R U R' U' F' f R U R' U' f'

分段：F（R U R' U'）F', f（R U R' U'）f'

编码：小汽车，大巴车

## 如何得到这个情况？

只需要做 f U R U' R' f' F U R U' R' F' 这个公式即可。

## 公式名称由来

在右图中可以看到，顶面除了中心块是黄色，其他的地方都没有黄色，此时将黄色中心看作升旗台，上面和下面两个黄色分别看作是四个士兵在站岗，左边三个黄色看作是三棵树，右边还有一个黄色看作是一个士兵在准备升旗。所以整个图看上去就像是“升旗仪式”。

## 故事记忆

故事联想：想象在升旗的时候，来了一辆小汽车，小汽车后面还跟了一辆大巴车。

 温馨提示　看着图进行联想，想到图就能回忆起画面。

## 拓展

在整个 CFOP 的学习过程中，小汽车和大巴车使用的频率还是很高的，所以大家一定要非常熟练！

# 鼠标 / 右

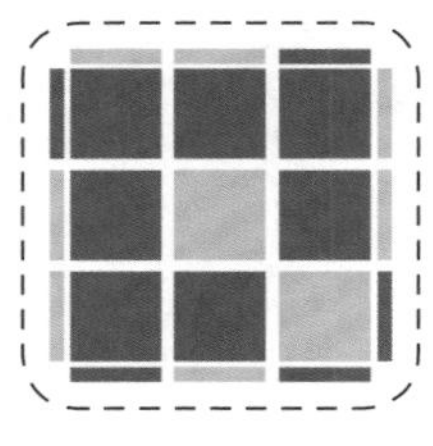

公式图示

字母：f R U R' U' f' U' F R U R' U' F'

分段：（f R U R' U' f'）U'（F R U R' U' F'）

编码：大巴车，回，小汽车

## 如何得到这个情况？

只需要做 F U R U' R' F' U' F R U R' U' F' 这个公式即可。

## 公式名称由来

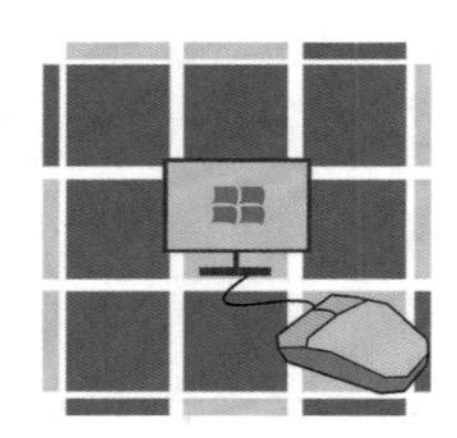

从图中可以看出顶面只有两个黄色，右下角有一个黄色，我们把这个黄色看作鼠标，黄色中心看作电脑，鼠标操控着电脑。当我们遇到这种情况的时候，就需要将鼠标放到右下角（也就是图中的位置），如果此时在鼠标下面只有一个黄色，那这个就是右手鼠标，如果有两个黄色，那就是左手的鼠标了，左手的鼠标要将鼠标放到左边来做。

## 故事记忆

故事联想：想象你用鼠标操作着电脑里面的大巴车，把大巴车送回了家，然后你又操作起了小汽车。

温馨提示　注意摆放好魔方的位置。

## 拓展

除了鼠标以外，没有任何一个公式顶面只有两个黄色，所以看到顶面有两个黄色，那肯定是鼠标了，只是需要注意区分左右手。

# 鼠标 / 左

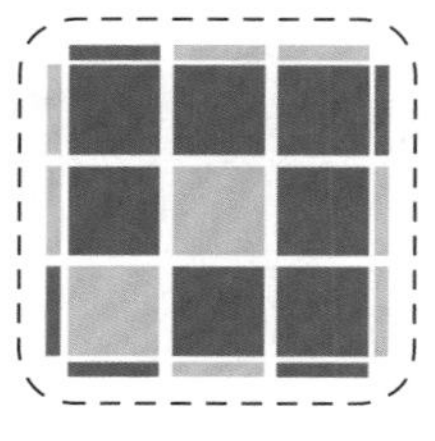
公式图示

字母：f' L' U' L U f U F' L' U' L U F

分段：（f' L' U' L U f）U（F' L' U' L U F）

编码：大巴车，回，小汽车

## 如何得到这个情况？

只需要做 F U R U' R' F' U' F' L' U' L U F 这个公式即可。

## 公式名称由来

同鼠标 / 右。

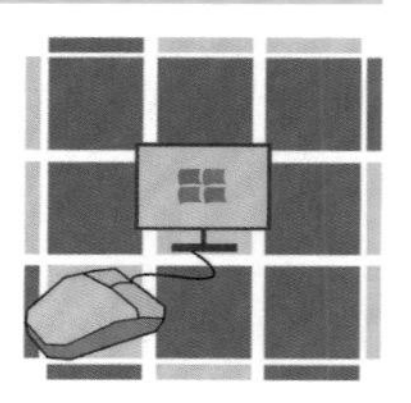

## 故事记忆

做右手的镜像公式。

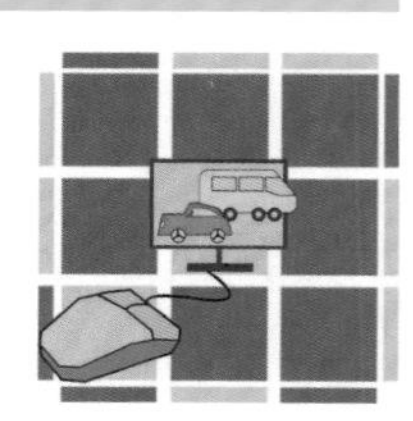

温馨提示　注意摆放好魔方的位置。

## 拓展

一定要利用图像来协助记忆，回忆的时候也要利用画面来回忆。

# 游泳池

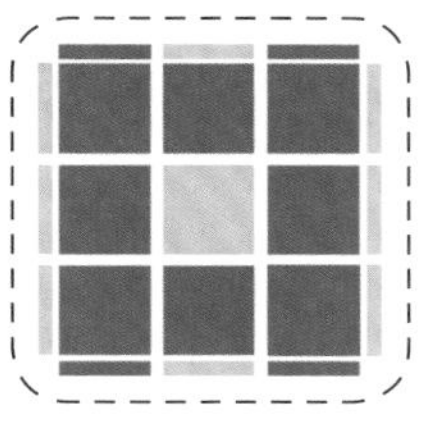

公式图示

字母：R U' U' R2' F R F' U2 R' F R F'

分段：（R U' U'）（R2' F R F'）U2（R' F R F'）

编码：树，大钩子，婆婆，小钩子

## 如何得到这个情况？

只需要做 F R' F' R U2 F R' F' R2 U U R' 这个公式即可。

## 公式名称由来

图中左右两边各有三个黄色，我们把它们当成是游泳池岸边休息的地方，前面和后面各有一个黄色，当成两个人在往中间游泳，所以通过外形将它命名为“游泳池”。

## 故事记忆

故事联想：想象泳池中间有一棵树，树上挂着大钩子，大钩子掉下来砸到了婆婆，婆婆拿着小钩子追着你跑。

温馨提示　注意摆放好公式的位置，左右两边是岸边休息区域。

## 拓展

做这个公式的时候，要将右手大拇指放在前面来做，做的时候手不要松开，要连贯一口气完成。

# 楼梯 / 右

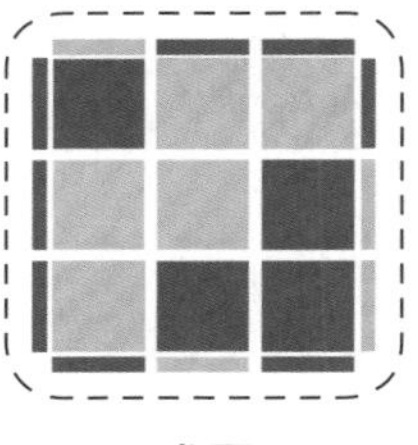
公式图示

字母：R U R' U R U' R' U' R' F R F'

分段：（R U R' U）（R U' R' U'）（R' F R F'）

编码：抹布，书包，钩子

## 如何得到这个情况？

只需要做 F R' F' R U R U R' U' R U' R' 这个公式即可。

## 公式名称由来

顶面黄色的 W 形状的图案，看起来像一个楼梯，右边的两个黄色的部分相当于梯子的支柱，把整个梯子都支撑了起来。

注意：如果楼梯摆放的时候右手边没有那个支柱，就说明是左手的楼梯，就需要把楼梯换到右边摆放并用左手做公式。

## 故事记忆

故事联想：想象你发现楼梯上有很多灰尘，所以你拿来抹布把灰尘擦干净，擦完后突然发现楼梯下面有一个书包，书包里面还装了钩子，你如获至宝！

温馨提示　注意摆放好魔方的位置。

## 拓展

做这个公式的时候，要将大拇指放在前面来做，这样可以保持在不换手的情况下连贯做完。

# 楼梯 / 左

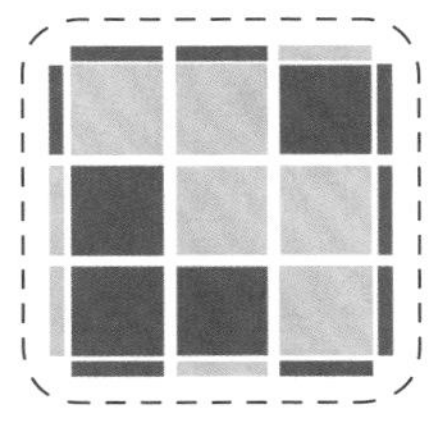

公式图示

字母：L’ U’ L U’ L’ U L U L F’ L’ F

分段：（L’ U’ L U’）（L’ U L U）（L F’ L’ F）

编码：抹布，书包，钩子

## 如何得到这个情况?

只需要做 F’ L F L’ U’ L’ U’ L U L’ U L 这个公式即可。

## 公式名称由来

和楼梯 / 右相同。

## 故事记忆

右手的镜像做法。

温|馨|提|示　注意摆放好魔方的位置。

## 拓展

要注意手法的连贯性。

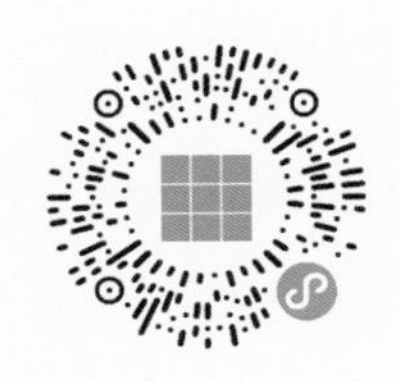

# 门把手

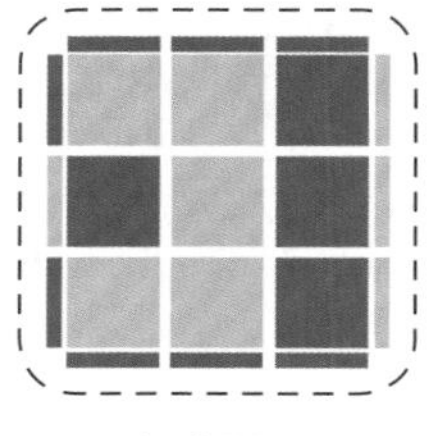

公式图示

字母：R' U' R' F R F' U R

分段：R' U'（R' F R F'）U R

编码：下回，钩子，拨上

## 如何得到这个情况？

只需要做 R' U' F R' F' R U R 这个公式即可。

## 公式名称由来

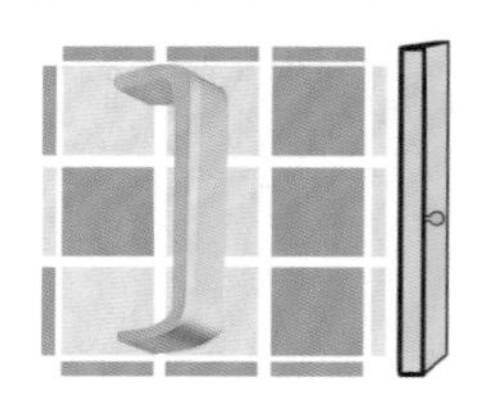

顶面左边五个围起来的黄色看起来像一个朝左的门把手，右边旁边的三个黄色看起来像是一扇门。所以就将这一情况命名为“门把手”。

## 故事记忆

故事联想：想象你拿着门把手在下楼，回头看了一眼，看到有人丢了个钩子下来，然后你灵机一动，用光一样的速度将钩子拨了上去。

温馨提示　注意摆放好公式的位置。

## 拓展

做这个公式时，需要将大拇指放在上面来做，做的时候全程手不要离开魔方，不需要换手。

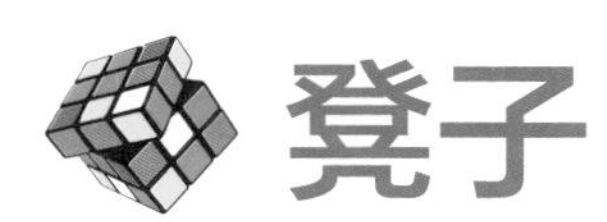

# 凳子

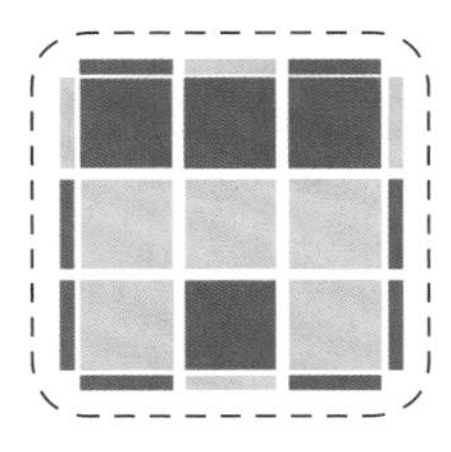

公式图示

字母：R U R' U' B' R' F R F' B

分段：（R U R' U'）B'（R' F R F'）B

编码：鳄鱼，后下，钩子，后上

## 如何得到这个情况?

只需要做 2 次 R U R' U' B' R' F R F' B 这个公式即可。

## 公式名称由来

顶面黄色部分围起来像一个小凳子，要注意上面侧边的三个黄色是分散的。

## 故事记忆

故事联想：想象凳子下面压着一条鳄鱼，鳄鱼往后面右边爬下去，爬下去的时候鳄鱼撞到了一个钩子，把它的牙齿撞掉了，然后它赶紧从后面爬上来了。

温馨提示　注意摆放好魔方的位置。

## 拓展

做这个公式要找到适合自己的手法，大家在熟练掌握这个公式之后，可以尝试用不同的手法来做，找到一个比较适合自己的手法。

# 马桶 / 右

公式图示

字母：R U R' U' R' F R 2 U R' U' F'

分段：（R U R' U'）R' F（R 2 U R' U'）F'

编码：鳄鱼，下勾，大鳄鱼，推

## 如何得到这个情况?

只需要做 F U R U' R2 F' R U R U' R' 这个公式即可。

## 公式名称由来

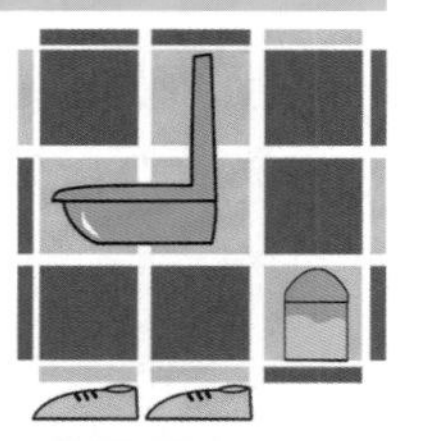

顶面左上角的三个黄色组成了一个马桶的形状，右下角的那个黄色是马桶的冲水桶，左下角的两个连在一起的黄色，是一双鞋子。

## 故事记忆

故事联想：想象你坐在马桶上，突然马桶下面爬出来一只鳄鱼，然后你伸手下去钩了一下，结果钩到一条更大的鳄鱼，于是你赶紧把它推走。

温馨提示　注意摆放好魔方的位置。

## 拓展

注意这个公式中的鞋子一定在前面，不要放到别的面去，这个公式在摆放的时候水桶在哪边就用哪只手做公式。

# 马桶 / 左

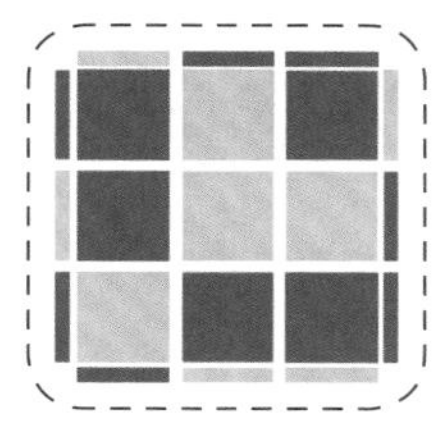

公式图示

字母：L' U' L U L F' L2 U' L U F

分段：（L' U' L U）L F'（L2 U' L U）F

编码：鳄鱼，下勾，大鳄鱼，推

## 如何得到这个情况？

只需要做 F' U' L' U L 2 F L' U' L' U L 这个公式即可。

## 公式名称由来

同马桶 / 右一样。

## 故事记忆

做右手镜像公式。

温馨提示　注意摆放好魔方的位置。

## 拓展

很多公式之所以做的时候很不顺手，主要是因为不够熟练，以及手法有问题，其中包括在做公式前的起步拿法，做这个公式时，正常大拇指朝下拿魔方即可。

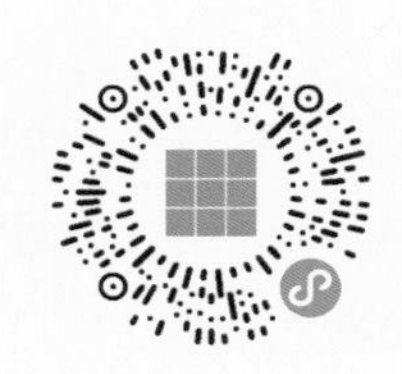

# 稻田 / 右

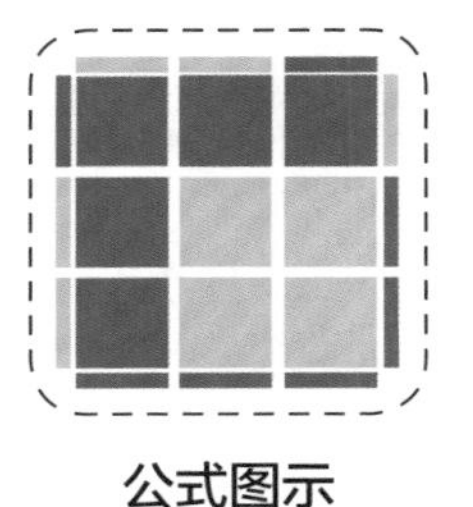
公式图示

字母：r’ U U R U R’ U r

分段：（r’ U U）（R U R’ U）r

编码：双头夏伯伯，抹布，小草

## 如何得到这个情况？

只需要做 r’ U’ R U’ R’ U U r 这个公式即可。

## 公式名称由来

顶面右下角的四个黄色看起来就像是一个“田”字，所以我们就联想到了“稻田”，注意在摆放这个公式的时候，要首先将稻田放到右下角，如果此时稻田的右上角出现一个黄色，就说明这个公式是右手的稻田，如果没出现黄色就说明是左手的稻田，需要将稻田摆放到左下角，做左手公式。

## 故事记忆

故事联想：想象你来到一块稻田里，发现稻田里面有一个双头夏伯伯，伯伯脚下有一块抹布，抹布上有一棵小草。

温馨提示　脑海中要出现相关画面，利用画面进行回忆。

## 拓展

r 代表右手边两层同时上一下，r 本来是一个字母，这里用“草”来替代它，方便联想故事。

# 稻田 / 左

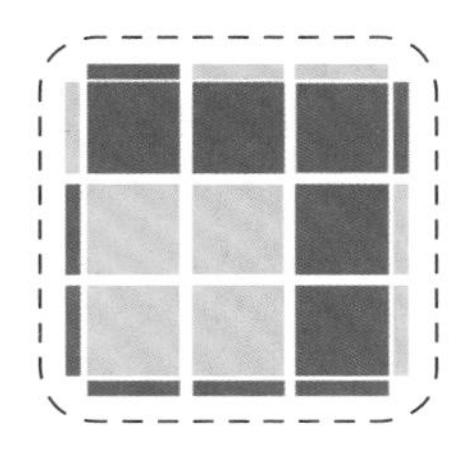
公式图示

字母：l U U L’ U’ L U’ l’

分段：（l U U）（L’ U’ L U’）l’

编码：左手：双头夏伯伯，抹布

## 如何得到这个情况？

只需要做 l U L’ U L U U l’ 这个公式即可。

## 公式名称由来

同稻田 / 右。

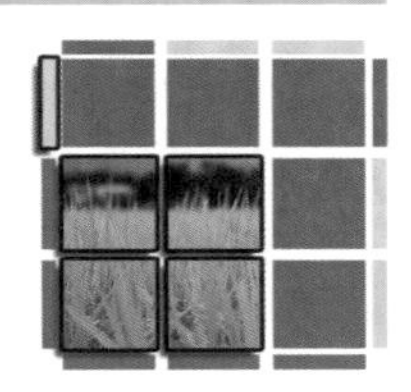

## 故事记忆

做右手的镜像公式。

温|馨|提|示　脑海中要出现相关画面，利用画面进行回忆。

## 拓展

右手公式里面的“r”，换成了左手的“l”，我们其实不用关注这里，因为只需要按照右手公式，来对称做左手公式。

# 外星人攻打地球

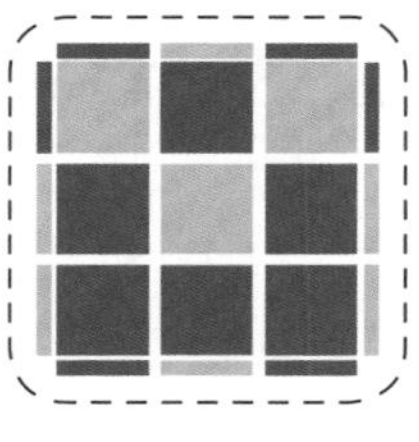

公式图示

字母：M U R U R' U' M' R' F R F'

分段：M U（R U R' U'）M'（R' F R F'）

编码：按拨，鳄鱼，顶，钩子

## 如何得到这个情况？

只需要做 F R' F' R M U R U' R' U' M' 这个公式即可。

## 公式名称由来

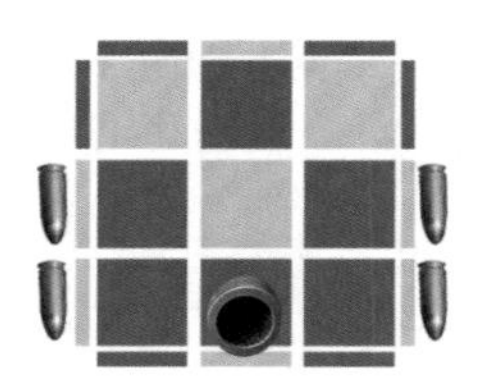

把顶面的三个黄色看作是外星人的飞船，底下的黄色当作是飞船的炮口，左右两边四个黄色是打出去的双排子弹。看起来像是飞船在攻打地球。

## 故事记忆

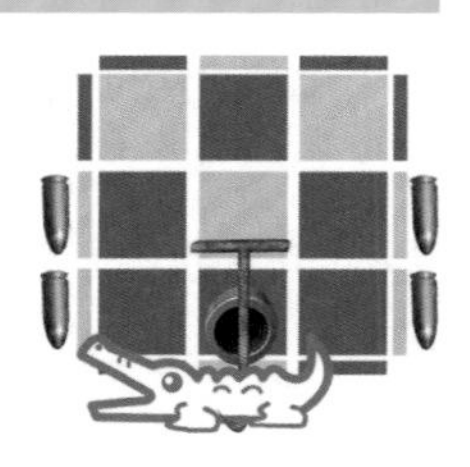

故事联想：想象你变身超人要抵抗外星人的进攻，于是你用手将外星人的大炮口按了下去，然后你右手一巴掌（U）把四颗子弹拨向了左边，外星人没办法，只好放出一条鳄鱼来咬你，你将鳄鱼的脑袋顶了一下，然后用钩子将鳄鱼的脑袋挂在飞船上，最终你赶走了外星人。

温|馨|提|示　注意摆放好魔方的位置。

## 拓展

做 M 的时候可以用右手食指按，做 M' 的时候可以用左手无名指从后面拨。

# 理发/右

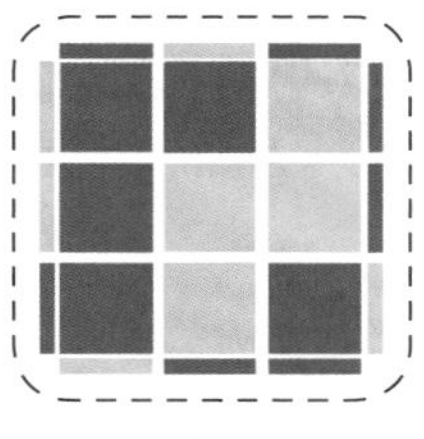
公式图示

字母：F R U R' U' F' U F R U R' U' F'

分段：（F R U R' U' F'）U（F R U R' U' F'）

编码：小汽车，拨，小汽车

## 如何得到这个情况？

只需要做 F U R U' R' F' U' F U R U' R' F' 这个公式即可。

## 公式名称由来

从图中可以看出，顶面的四个黄色看起来很像一个人坐在凳子上，右下角旁边的黄色代表凳子，左上方有两个黄色，代表镜子，左前方的一个黄色代表的是人踩的垫子，整个画面看起来有点像在理发店里面理发。

## 故事记忆

故事联想：想象你正在理发，理到一半理发师后面有人开着小汽车撞了过来，你用手指拨走了这辆小汽车，可是突然又从前面开来一辆小汽车。

温馨提示　注意摆放好魔方的位置。

## 拓展

人被摆放在哪边就做哪边的公式。

# 理发 / 左

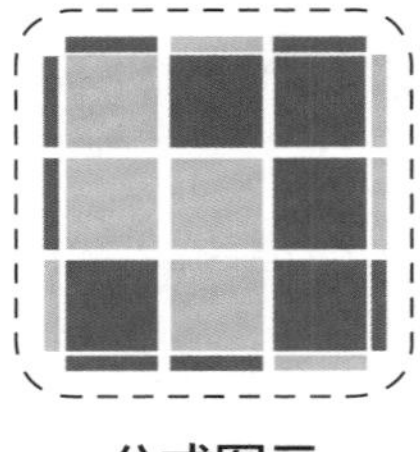
公式图示

字母：F’ L’ U’ L U F U’ F’ L’ U’ L U F

分段：（F’ L’ U’ L U F）U’（F’ L’ U’ L U F）

编码：小汽车，拨，小汽车

## 如何得到这个情况?

只需要做 F’ U’ L’ U L F U F’ U’ L’ U L F 这个公式即可。

## 公式名称由来

同理发 / 右。

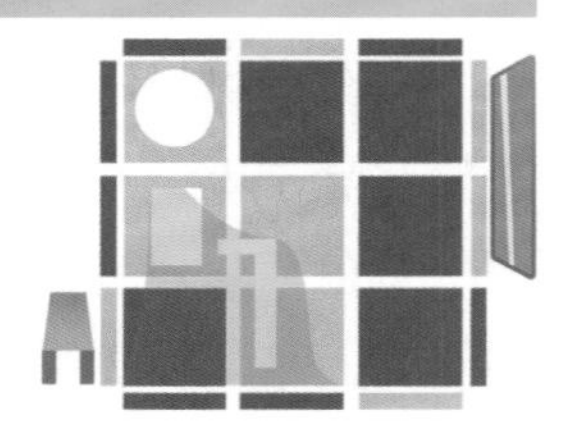

## 故事记忆

做右手的镜像公式

 温|馨|提|示　注意摆放好魔方的位置。

## 拓展

这个公式和多个公式相似，所以在做的时候一定要注意区分，这个公式的特点就是故事中的图像，例如人和对面的镜子、屁股后面的凳子等，只有在这个情况中才会出现在这些位置。

# 手枪 / 右

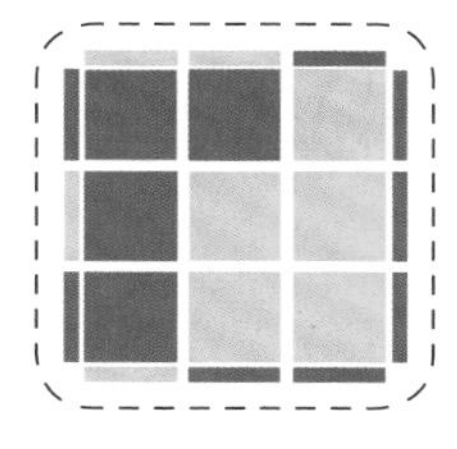

公式图示

字母：R U B' U' R' U R B R'

分段：（R U）（B' U'）（R' U R B R'）

编码：上拨，后逆回，播种（下拨上），后顺下

## 如何得到这个情况？

只需要做 R B' R' U' R U B U' R' 这个公式即可。

## 公式名称由来

从图中可以看出，顶面的五个黄色看起来很像一把手枪，枪口朝后面发射子弹，注意其他几个地方黄色的位置，后面有两个黄色的子弹，左边和前面各有一个。手枪在右边就做右手公式，在左边就做左手公式。

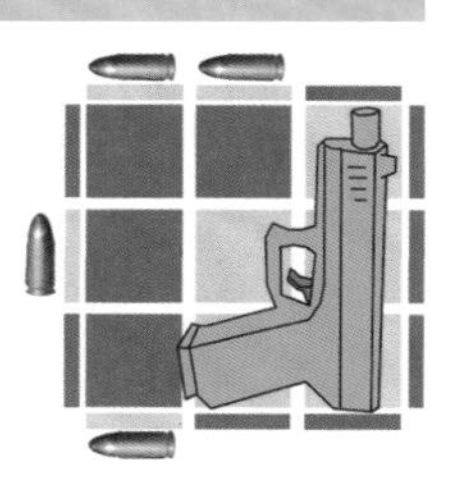

## 故事记忆

故事联想：想象右手上来拨（RU）了一下手枪扳机，子弹就发射出去了，后面有个盾牌逆时针（B'）挡了一下，将子弹挡了回来（U'），子弹回来的时候射中了打算播种（R'UR）的农民的屁股，然后后面的盾牌顺时针（B）放下去，农民也下（R'）田了。

温馨提示　注意摆放好魔方的位置。

## 拓展

做手枪公式的时候大拇指放在前面，可以从头到尾不用转方向也不用换手就连贯做完。

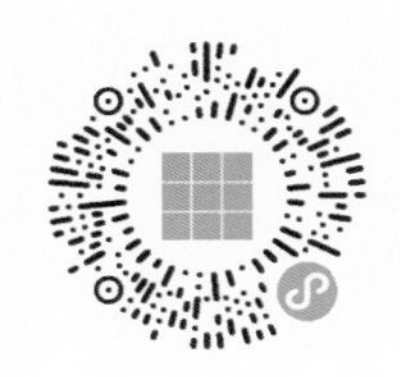

# 手枪 / 左

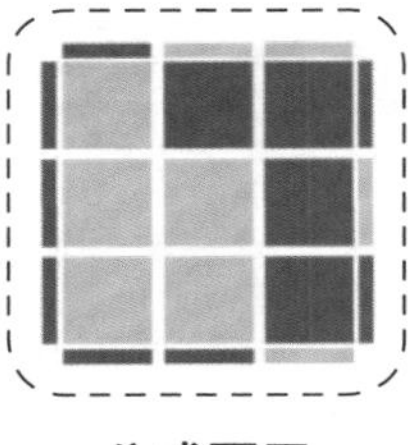

公式图示

字母：L’ U’ B U L U’ L’ B’ L

分段：（L’ U’ B U）（L U’ L’ B’）L

编码：上拨，后顺回，播种（下拨上），后逆下

## 如何得到这个情况?

只需要做 L’ B L U L’ U’ B’ U L 这个公式即可。

## 公式名称由来

同手枪 / 右。

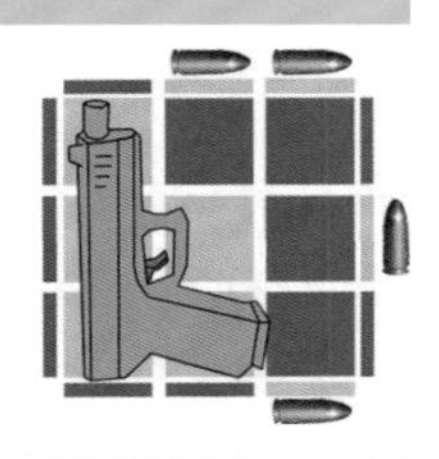

## 故事记忆

做右手的镜像公式。

温馨提示　注意摆放好魔方的位置。

## 拓展

注意公式的手法。

# 床 / 右

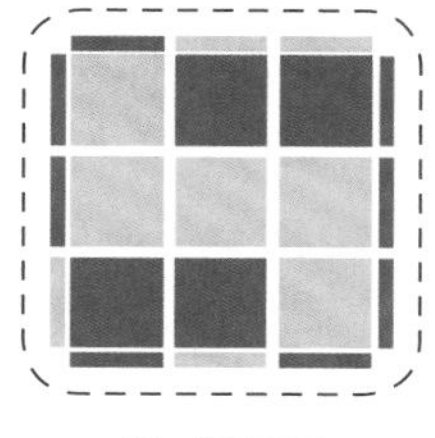

公式图示

字母：R' F R U R' U' F' U R

分段：R' F（R U R' U'）F' U R

编码：下勾，鳄鱼，推拨上

## 如何得到这个情况？

只需要做 R' U' F U R U' R' F' R 这个公式即可。

## 公式名称由来

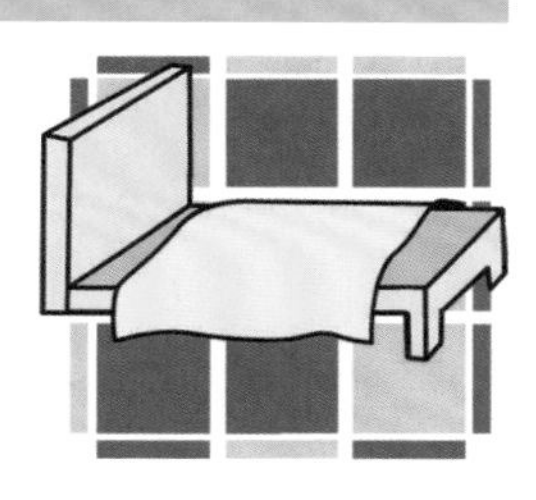

顶面有五个黄色，我们把中间三个看作床身，左边上面的黄色是床的靠背，右下角的黄色是床脚。右后方有两个人睡在床上，我们在摆放这个情况的时候，要注意观察这两个人在左边还是在右边。人在右手边就做右手公式，左手边就做左手公式。

## 故事记忆

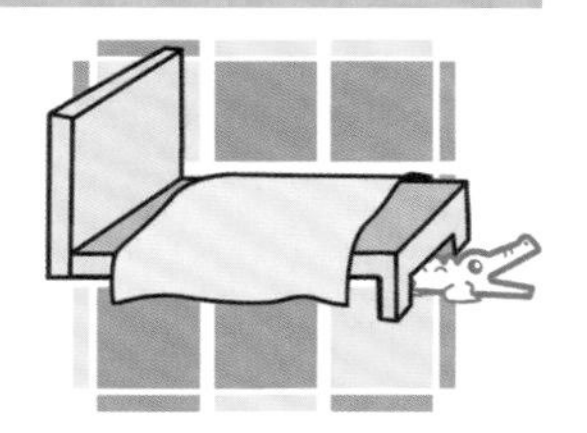

故事联想：想象右边的那个人下（R'）床，用手在床底下钩（F）了一下，居然钩到了一条鳄鱼，他赶紧将鳄鱼推（F'）走，推走的时候用右手打了鳄鱼一巴掌（U），然后又上（R）床了。

温|馨|提|示　注意摆放好魔方的位置。

## 拓展

床的公式和手枪的公式好像存在一些联系，做右手的床可以得到左手的手枪，反过来也一样，大家可以试一下！

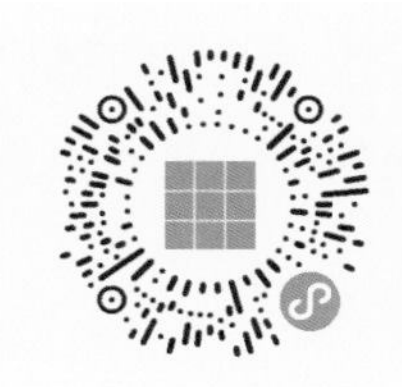

# 床 / 左

字母：L F' L' U' L U F U' L'

分段：L F'（L' U' L U）F U' L'

编码：下勾，鳄鱼，推拨上

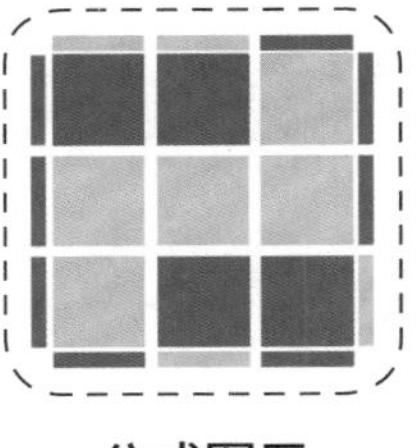

公式图示

## 如何得到这个情况？

只需要做 L U F' U' L' U L F L' 这个公式即可。

## 公式名称由来

同床 / 右。

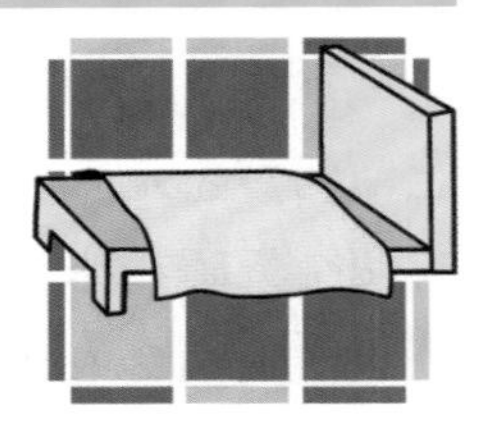

## 故事记忆

做右手的镜像公式。

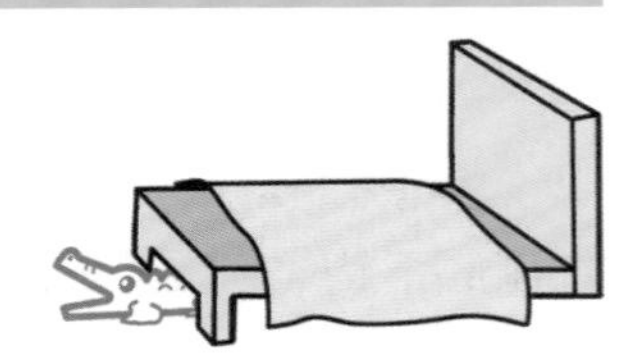

温馨提示　注意摆放好魔方的位置。

## 拓展

左手公式可能不太好做，但是只要不断练习，把量练起来就好了。

# 乌龟

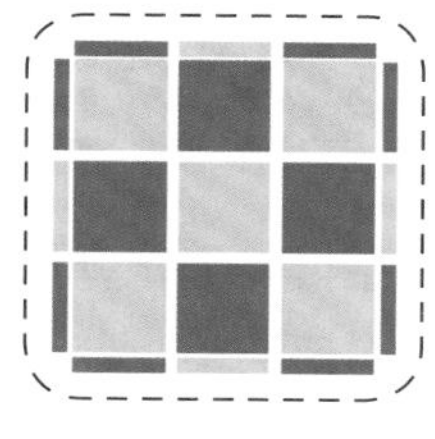

公式图示

字母：M U R U R' U' M' M' U R U' r'

分段：（M U）（R U R' U'）M' M'（U R U' r'）

编码：按拔，鳄鱼，妹妹，尾巴

## 如何得到这个情况？

只需要做（M U）（R U R' U'）M' M'（U R U' r'）这个公式即可。

## 公式名称由来

顶面除了中心的黄色，其他四个黄色分别在四个角落，看起来像是乌龟的四只脚，中间的黄色是乌龟的身体，后面的黄色是乌龟的脑袋，前面的黄色是乌龟的屁股。

## 故事记忆

故事联想：想象你按下（M）乌龟的屁股，然后用右手打了乌龟一巴掌（U），这一巴掌把乌龟壳里面的鳄鱼打出来了，你吓到了，赶紧顶了两下（M' M'）乌龟的屁股，结果顶到了一个狐狸尾巴。

温馨提示　这个公式随便魔方怎么摆放，做法都是一样的。

## 拓展

提示：最后一个编码“尾巴”，本来应该是“U R U'R'”，但是为了方便记忆，在这里直接把 URU'r' 编码成尾巴。

大家在回忆的时候要注意。

# 列车

字母：RUURRU’RU’R’UUFRF’

分段：（RUU）R（RU’RU’）（R’UU）（FRF’）

编码：树，上，美女，夏伯伯，下勾上推

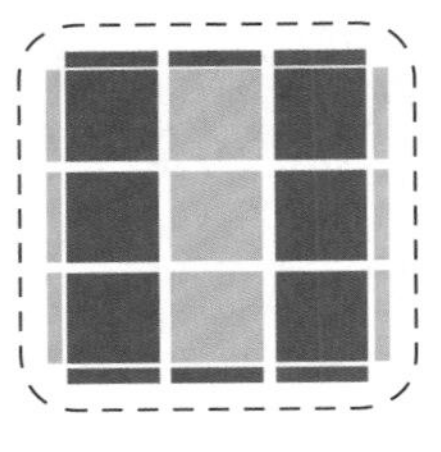

公式图示

## 如何得到这个情况?

只需要做 F R’ F’ U U R U R’ U R R U U R’ 这个公式即可。

## 公式名称由来

中间三个黄色，看起来像是一辆货车，两侧边各有三个黄色，看起来像列车的轨道。

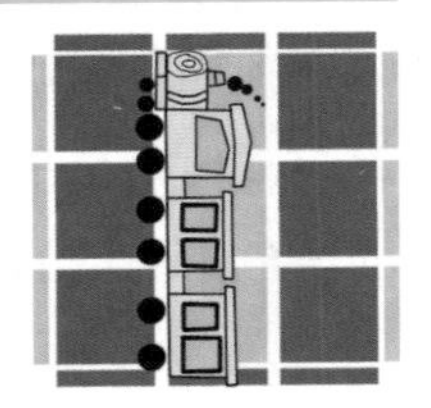

## 故事记忆

故事联想：想象列车上有一棵树，树上有个美女，（因为在树上就先做个上），美女见到夏伯伯，夏伯伯送给美女一个钩子。

 温|馨|提|示 钩子的下不用做，这里列出来只是为了方便记忆。

## 拓展

要将大拇指放在前面做这个公式，这个公式比较长，大家要多加训练。

注意在做这个公式的时候，最后一个钩子不要做“下”这个动作。

# 蚂蚁

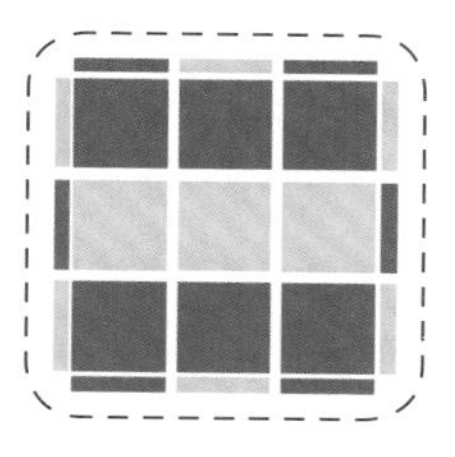

公式图示

字母：r U r' U R U' R' U R U' R' r U' r'

分段：（r U r'）（U R U' R'）（U R U' R'）（r U' r'）

编码：防弹玻璃，尾巴，尾巴，大海

## 如何得到这个情况？

只需要做 r U r' R U R' U' R U R' U' r U' r' 这个公式即可。

## 公式名称由来

右图中间三个黄色是蚂蚁的身子，分散在旁边的六个黄色是蚂蚁的脚。

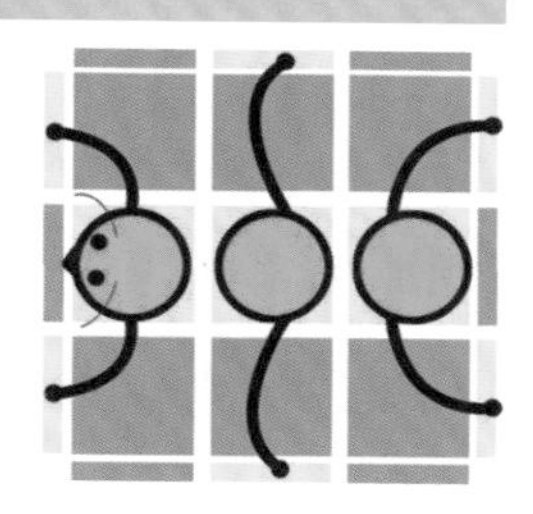

## 故事记忆

故事联想：想象蚂蚁爬上了防弹玻璃，咬了两只狐狸的尾巴，结果被狐狸尾巴一甩，就掉到了大海里面了。

## 拓展

编码复习：

| 上（2层）拨下（2层）rUr' | 防弹玻璃 | 因为要上两层再拨，所以玻璃很厚，想到了防弹玻璃 |
|---|---|---|
| 上（2层）回下（2层）rUr' | 大海 | 上回下海的时候 |

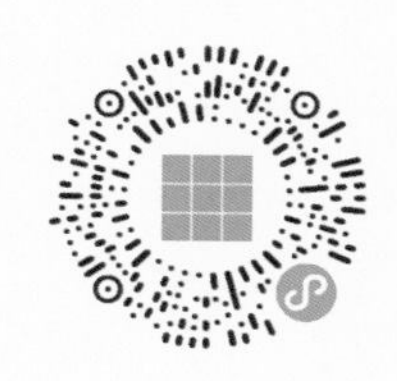

# 兰花

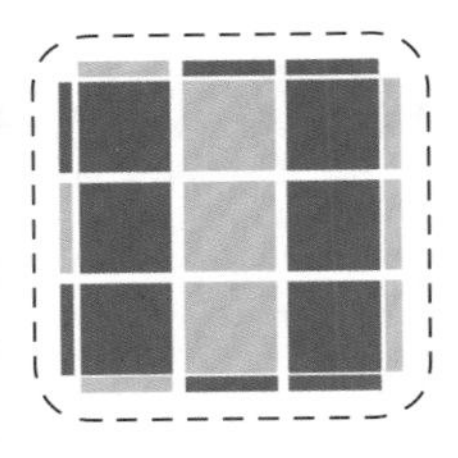

公式图示

字母：R' U' RU' R' U y' R' UR B

分段：（R' U' RU' R' U）y'（R' UR B）

编码：下回上回下拨，y'，下拨上拨

## 如何得到这个情况？

只需要做 R' U' RU' R' U y' R' URB 这个公式即可。

## 公式名称由来

右图中左后方和前左方的黄色是“兰”字的两点，顶面的三个黄色和右侧的三个黄色放在一起是“兰”两横，我额外在右侧加了一横代表“兰”字的第三横，所以整个情况看起来就是一个“兰”字，通过兰字联想到兰花，所以这个情况我们就叫它“兰花”。

## 故事记忆

这个情况其实很好记忆，我们可以用口诀和规律的方式来记：首先是下回上回，然后是两个下拨（记得中间要换方向），接着又是一个上拨（注意最后一下拨的是后面）。这种很简单的公式，有时候记口诀比利用故事法记忆更加直接。

有时候我们能识别出情况是什么，但就是想不起来公式该怎么做。这里我们可以结合公式联想一下：想象兰花的头低下去然后回头，抬上来然后又回头。这样就能看到兰花就想到第一步了。

## 拓展

y’ 指下面和上面的中心保持不变，将魔方的左边中心面对自己。

# 手雷

字母：RUUR’R’FRF’RUUR’

分段：（RUU）（R’R’FRF’）（RUU）R’

编码：树，大钩子，树，下

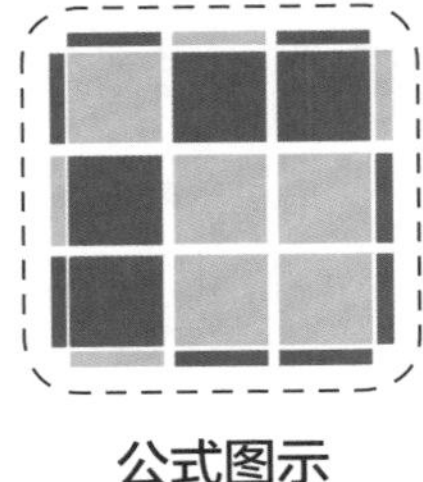

公式图示

## 如何得到这个情况？

只需要做 R U U R’ F R’ F’ R R U U R’ 这个公式即可。

## 公式名称由来

右图中顶面右下角的四个黄色代表手雷的身体部分，左上角的一个黄色代表引线部分，周围的四个黄色是散开的。

## 故事记忆

故事联想：想象你将手雷丢到了一棵树上，结果炸出了一个大钩子，大钩子又飞到另外一棵树下。

温|馨|提|示　做这个公式的时候大拇指要放在前面。

## 拓展

这个公式和风筝公式很像，他们的区别就是旁边黄色的部分，手雷旁边黄色部分是散开的，但是风筝旁边的黄色是挨在一起的。

#  擦玻璃 / 右

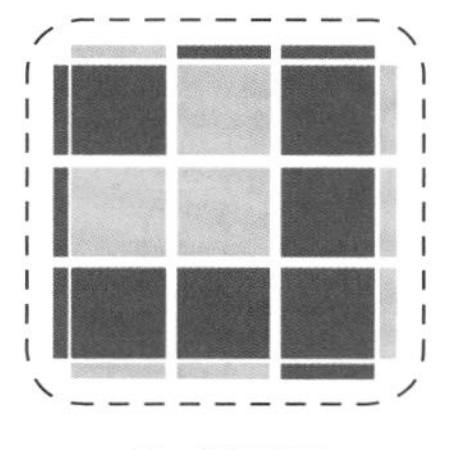

公式图示

字母：R’ F R2 B’ R2 F’ R2 B R’

分段：R’ F（R2 B’ R2 F’ R2 B）R’

编码：请直接看故事。

## 如何得到这个情况？

只需要做 R B’ R2 F R2 B R2 F’ R 这个公式即可。

## 公式名称由来

右图中顶面左边三个黄色代表抹布，底下两个黄色代表装水的盆子，右边三个黄色代表玻璃，这就是擦玻璃的情况。

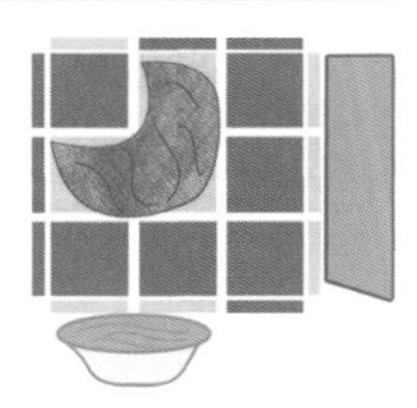

## 故事记忆

故事联想：先把手放下（R’）来，把前面顺时针擦一下（F），然后把手放到后面去（R2）把玻璃后面也往右边擦一下（B’）。把手翻到前面来（R2），把前面逆时针擦一下（F’），然后把手放到后面去（R2）往左擦一下后面（B），最后把手放下来（R’）即可。

 温|馨|提|示　这个公式也可以找规律记忆。

## 拓展

这个公式做时需要把大拇指放在前面。

# 擦玻璃 / 左

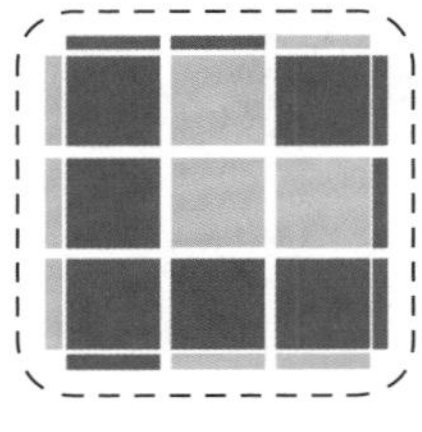

公式图示

字母：L F' L2 B L2 F L2 B' L

分段：L F'（L2 B L2 F L2 B'）L

编码：请直接看故事。

## 如何得到这个情况?

只需要做 L' B L2 F' L2 B' L2 F L' 这个公式即可。

## 公式名称由来

同擦玻璃 / 右。

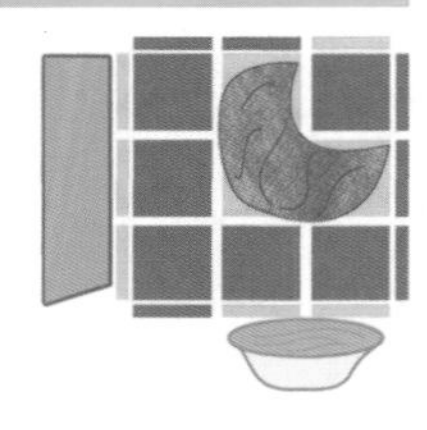

## 故事记忆

做右手镜像公式。

温馨提示　注意拿法，大拇放前面。

## 拓展

左手做公式同样可以很快，速度是大量训练的结果。

# 垃圾铲 / 右

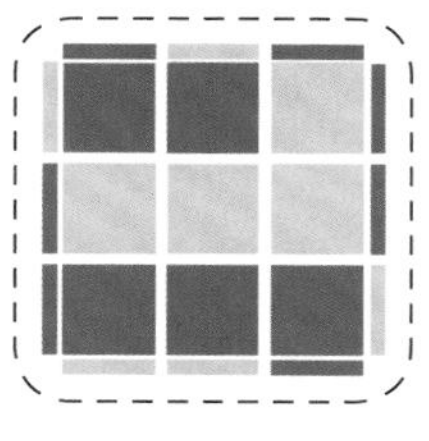

公式图示

字母：r U r’ R U R’ U’ r U’ r’

分段：（r U r’）（R U R ’U’）（r U’ r’）

编码：防弹玻璃，鳄鱼，大海

## 如何得到这个情况?

只需要做 r U r’ U R U’ R’ r U’ r’ 这个公式即可。

## 公式名称由来

从右图中可以看出，顶面的四个黄色看起来很像一个垃圾铲子，边上的几个黄色都是要铲起来的垃圾，注意底下有两个垃圾在一起，其他的垃圾都是分开的，因为还有一个“咖啡台公式”和这个公式有点像，所以要注意区分。

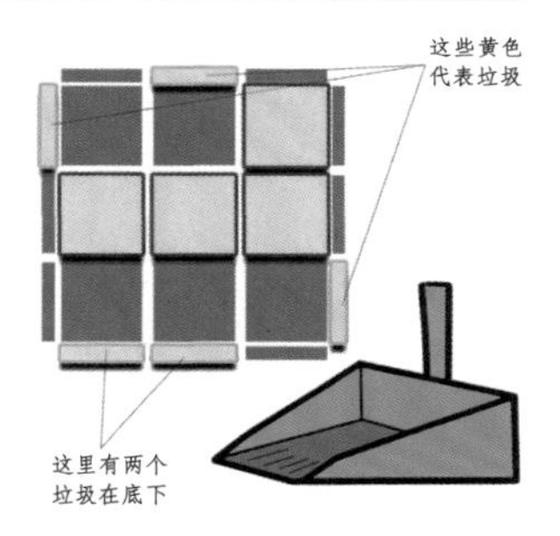


## 故事记忆

故事联想：想象你拿着铲子在铲防弹玻璃，你将铲起来的玻璃喂给鳄鱼吃，鳄鱼吃饱后，就爬进了大海里面。

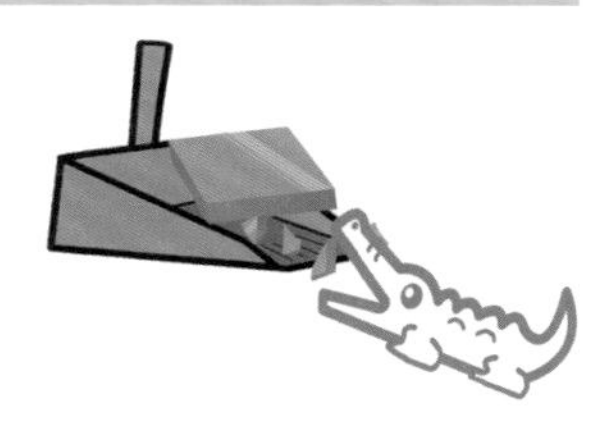

 温馨提示　开始做公式的时候，大拇指在下面。

## 拓展

此公式用编码来记忆就非常简单，所以大家一定要将编码练熟，这样在学公式或者做公式的时候，就能够很快。俗话说，磨刀不误砍柴工。

# 垃圾铲 / 左

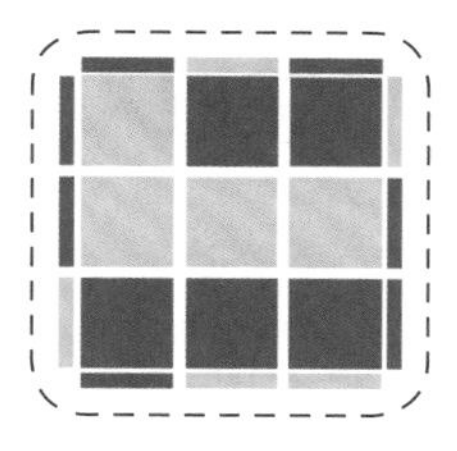

公式图示

字母：l' U' l L' U' L U l' U l

分段：（l' U' l）（L' U' L U）（l' U l）

编码：防弹玻璃，鳄鱼，大海

## 如何得到这个情况?

只需要做 l' U' l U'L' U L l' U l 这个公式即可。

## 公式名称由来

同垃圾铲 / 右。

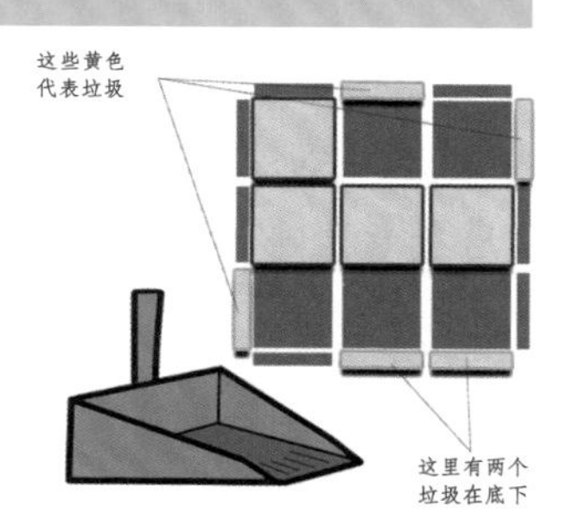


## 故事记忆

做右手镜像公式。

温馨提示　开始做公式的时候，大拇指在下面。

## 拓展

积跬步，至千里；
积小流，成江海。

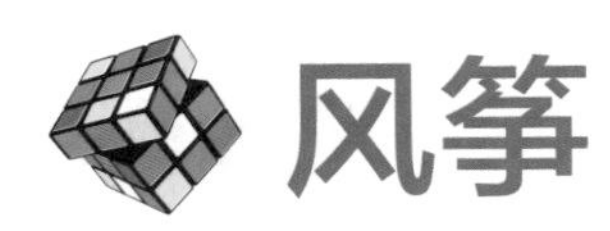

# 风筝

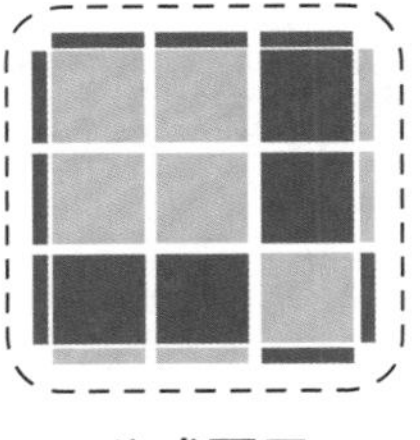

公式图示

字母：F R U' R' U' R U R' F'

分段：F（R U' R' U'）（R U R' F'）

编码：勾，书包，推车

## 如何得到这个情况?

只需要做 R U R' U' R' F R F' 这个公式即可。

## 公式名称由来

右图左上角的四个黄色代表风筝的身体，右下角的一个黄色代表风筝的头，右边和下面左边的黄色代表风筝上的彩带。风筝摆放的时候风筝的头朝右下角。

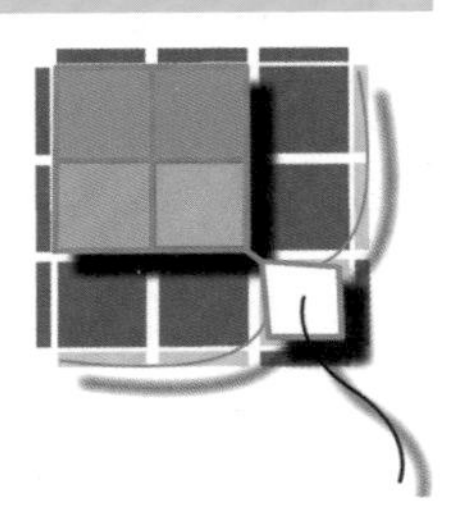

## 故事记忆

故事联想：想象你用手指钩（F）住风筝的线，突然发现风筝上面背着一个书包，书包掉下来砸到了地上的推车。

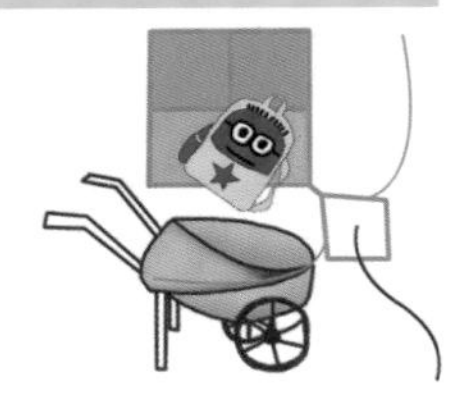

温|馨|提|示　开始做公式的时候，大拇指在下面。

## 拓展

“风筝公式”和“手雷公式”要注意区分。

# 咖啡台 / 右

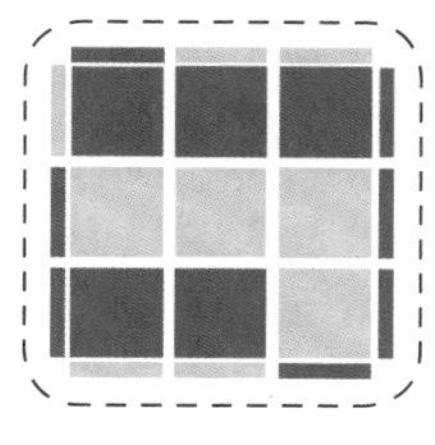

公式图示

字母：R’ F R U R’ F’ R F U’ F’

分段：R’ F（R U R’ F’）R（F U’ F’）

编码：下勾，推车，上，勾回推

## 如何得到这个情况?

只需要做 F U F’ R’ F R U’ R’ F’ R 这个公式即可。

## 公式名称由来

右图中顶面的四个黄色，代表的是咖啡台，顶面右下角的黄色是咖啡台的支柱，前面左边的两个黄色是两个凳子，后面右边的两个黄色是两杯咖啡。

## 故事记忆

故事联想：想象右边的那杯咖啡掉下（R’）来了，你用手想要钩（F）住它，结果钩到了一辆推车，把推车放在桌上（R），你准备用手指将它钩回（F U’）家，但是不行，只能推（F’）着走。

温馨提示　开始做公式的时候，大拇指在下面。

## 拓展

“咖啡台公式”和“垃圾铲”公式很像，要注意区分。

# 咖啡台 / 左

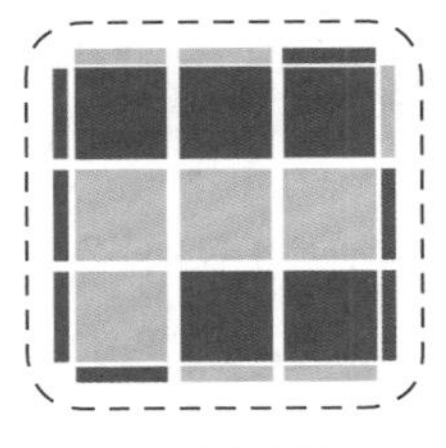

公式图示

字母：L F’ L’ U’ L F L’ F’ U F

分段：L F’ (L’ U’ L F) L’ (F’ U F)

编码：下勾，推车，上，勾回推

## 如何得到这个情况?

只需要做 F’ U’ F L F’ L’ U L F L’ 这个公式即可。

## 公式名称由来

同咖啡台 / 右。

## 故事记忆

做右手镜像公式。

温馨提示　开始做公式的时候，大拇指在下面。

## 拓展

另外一种做法（可以尝试一下）：

F(U R U’)(R2’F’)(R U R U’ R’)。

# 人坐石凳 / 右

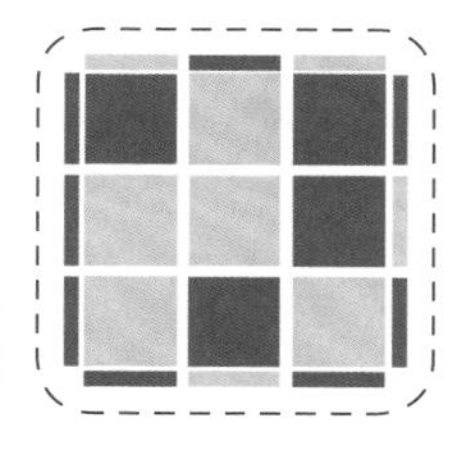

公式图示

字母：R U R' U R U U R' F R U R' U' F'

分段：（R U R' U）（R U U）R'（F R U R' U' F'）

编码：抹布，树，下，小汽车

## 如何得到这个情况?

只需要做 F U R U' R' F' R U U R' U' R U' R' 这个公式即可。

## 公式名称由来

可以将顶面左边的四个黄色看作一个人正在坐着，顶面右下角的那个黄色是石凳子，最上面边上的两个黄色是这个人举着的两只手。整体看来就是人坐在石凳子上举着手。

## 故事记忆

故事联想：想象这个人举起的双手里拿着一块抹布，他准备用这块抹布来擦树的下面，突然从对面开过来一辆小汽车。

温馨提示　这个公式比较长，但用编码来记就很容易。

## 拓展

这个公式和好几个公式都很相似，所以大家一定要学会观察他们不同的地方，这个公式的观察点就是人头顶上的两只手，还有右边的石凳子，凳子在哪边就用哪只手做公式。

# 人坐石凳 / 左

字母：L' U' L U' L' U U L F' L' U' L U F

分段：（L' U' L U'）（L' U U）L（F' L' U' L U F）

编码：抹布，树，下，小汽车

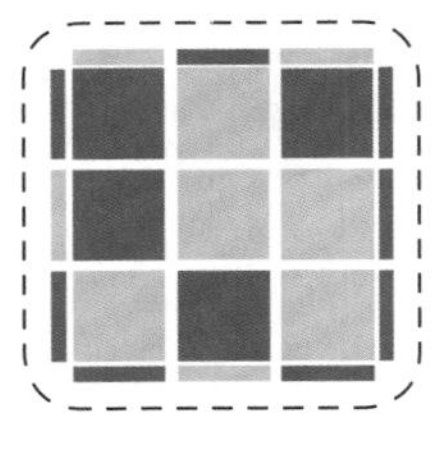

公式图示

## 如何得到这个情况？

只需要做 F' U' L' U L F L' U U L U L' U L 这个公式即可。

## 公式名称由来

同人坐石登 / 右。

## 故事记忆

做右手镜像公式。

温馨提示　这个公式比较长，但用编码来记就很容易。

## 拓展

公式只要训练到形成肌肉记忆后便不容易遗忘，就像我们学骑自行车一样，只要学会了，就算很长时间不骑，拿到手上也依然记得。所以最好的记忆还是肌肉记忆。

# 大飞鱼

字母：r U R' U' M U R U' R'

分段：（r U R' U'）M（U R U' R'）

编码：双头鳄鱼，按，尾巴

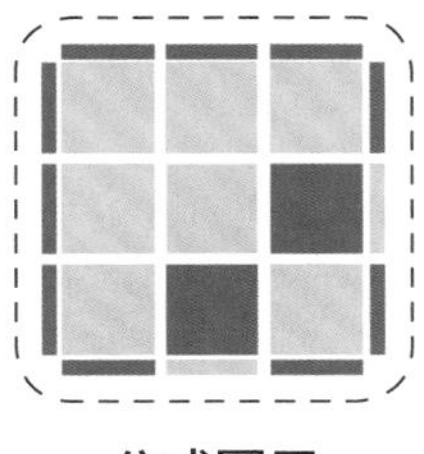

公式图示

## 如何得到这个情况?

只需要做 R U R' U' M' U R U' r' 这个公式即可。

## 公式名称由来

右图右下角的一个黄色是大飞鱼的尾巴，左边六个连在一起的黄色是大飞鱼的身体。

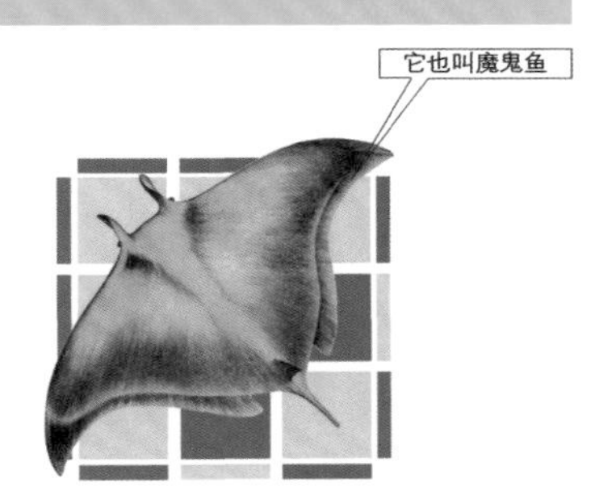


## 故事记忆

故事联想：想象你骑着这条大飞鱼，在大海里面游玩，结果遇到一条双头鳄鱼，你用手按住大飞鱼的脑袋，从鳄鱼的尾巴后面逃掉了。

温馨提示　注意做公式时，鱼尾巴放右手边。

## 拓展

“大飞鱼公式”和“梯子公式”是互逆的，做“大飞鱼公式”可以得到“梯子公式”，做“梯子公式”也可以得到“大飞鱼公式”，并且这两个公式的做法很接近。

# 梯子

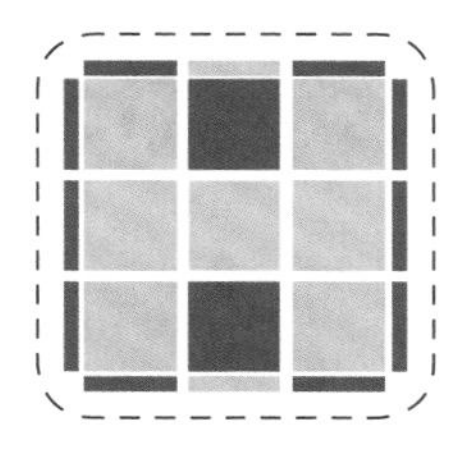
公式图示

字母：R U R' U' M' U R U' r'

分段：（R U R' U'）M'（U R U' r'）

编码：鳄鱼，顶，尾巴

## 如何得到这个情况？

只需要做 r U R' U' M U R U' R' 这个公式即可。

## 公式名称由来

右图中顶面的形状像字母"H"，也像是一个梯子，因此将它命名为"梯子"。

## 故事记忆

故事联想：想象梯子压着一条鳄鱼，鳄鱼用脑袋一顶，梯子倒了，压到了鳄鱼的尾巴。

温|馨|提|示　做这个公式的时候，大拇指放在前面和下面都可以。

# 坦克大战

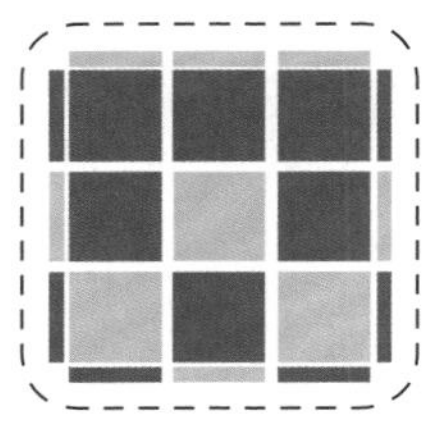

公式图示

字母：F R U R’ U y’ R’ U2 R’ F R F’

分段：F（R U R’ U）y’（R’ U2）（R’ F R F’）

编码：勾，抹布，换左面，夏伯伯，钩子

## 如何得到这个情况？

只需要做 F R’ F’ R U2 R y U’ R U’ R’ F’ 这个公式即可。

## 公式名称由来

右图右顶面的三个黄色，形状很像一辆坦克，中间的黄色是坦克的大炮，左右两边的黄色是坦克的轮子。上面旁边的三个黄色，代表一排敌人，左右两边的黄色代表坦克发射出去的两个子弹。

## 故事记忆

故事联想：想象这辆坦克已经 100 年没有洗过了，所以轮胎非常脏。于是你用手指将轮胎钩了下来，拿抹布去擦轮胎，擦完后，你把很脏的抹布送给夏伯伯，夏伯伯看到抹布很脏，就拿钩子追着你打。

## 拓展

“坦克大战公式”和“箭公式”是互逆的，做“坦克大战公式”的时候可以得到箭，做“箭公式”也可以得到坦克大战。所以大家可以把这两个公式放在一起来训练。

# 箭

公式图示

字母：R U R’ U R’ F R F’ U2 R’ F R F’

分段：（R U R’ U）（R’ F R F’）U2（R’ F R F’）

编码：抹布，钩子，婆婆，钩子

## 如何得到这个情况？

只需要做 F R’ F’ R U2 F R’ F’ R U’ R U’ R’ 这个公式即可。

## 公式名称由来

顶面的三个黄色是箭身，后面两个黄色和左边两个黄色是箭的羽毛，整体看起来就是一根射出去的箭。

## 故事记忆

故事联想：想象你在射箭，箭射到了一块抹布上，抹布里面包着钩子，钩子飞了出去砸到了婆婆，婆婆拿着钩子就来追你。

温|馨|提|示　大拇指放前面做。

# 口哨 / 右

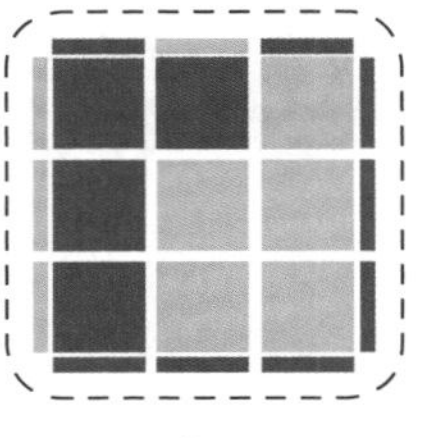

公式图示

字母：f R U R’ U’ f’

分段：（f R U R’ U’ f’）

编码：公交车

## 如何得到这个情况?

只需要做 f U R U’ R’ f’ 这个公式即可。

## 公式名称由来

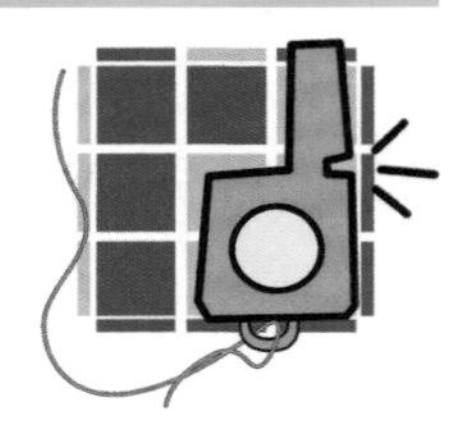

顶面右边五个黄色看起来像是一个口哨，左边的三个黄色连在一起就形成了挂口哨的线。

## 故事记忆

故事联想：只需想象自己拿着口哨指挥公交车即可。想到口哨就想到公交车。

温馨提示

这个公式比较简单，所以只需要花一点点时间学习即可掌握。

## 拓展

此公式虽然简单，但要注意和手枪公式进行区分。

# 口哨 / 左

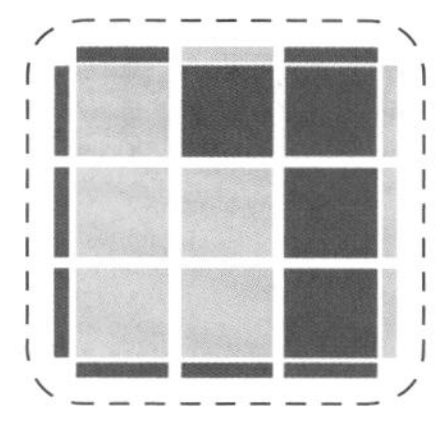

公式图示

字母：f' L' U' L U f

分段：（f' L' U' L U f）

编码：公交车

## 如何得到这个情况？

只需要做 f' U' L' U L f 这个公式即可。

## 公式名称由来

同口哨 / 右。

## 故事记忆

用左手做公交车公式。

## 拓展

熟能生巧，成功要在不断训练中获得。

# 滑板 / 右

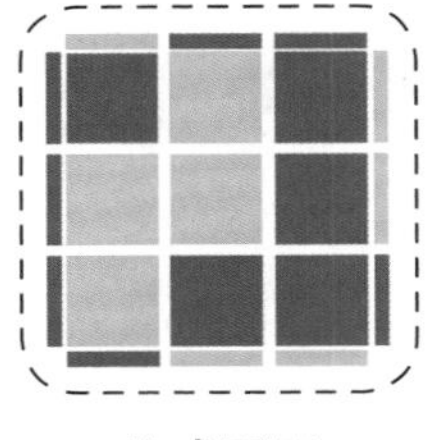

公式图示

字母：r U R U R U U r’

分段：（r U R U）（R U U r’）

编码：厚抹布，树，下

## 如何得到这个情况？

只需要做 r U U R’ U’ R U’ r’ 这个公式即可。

## 公式名称由来

顶面四个黄色看起来像一个人坐着，右下角两个连在一起的黄色是一个滑板，右后方的两个连在一起的黄色是这个踩滑板的人的背包。

## 故事记忆

故事联想：想象你自己正在玩滑板，突然从天上飞来一块厚抹布贴在你的脸上，你看不清方向，最后撞到了一棵树下。

温|馨|提|示　注意最开始是“r”，结尾是“r’”。

## 拓展

做公式的时候大拇指在下。

# 滑板 / 左

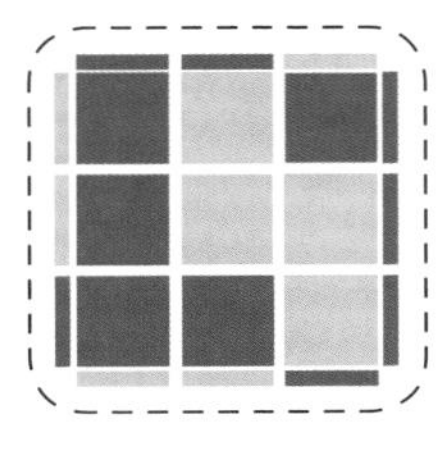

公式图示

字母：l’ U’ L U’ L’ U U l

分段：（l’ U’ L U’），（L’ U U l）

编码：厚抹布，树，下

## 如何得到这个情况?

只需要做 l’ U U L U L’ U l 这个公式即可。

## 公式名称由来

同滑板 / 右。

## 故事记忆

做右手的镜像公式。

## 拓展

类似图案的公式很多，所以大家一定要注意区分。

# 漂流的船 / 右

字母：r U U R’ U’ R U R’ U’ R U’ r’

分段：（r U U）（R’ U’）（R U R’ U’）R U’ r’

编码：双头树，下回，鳄鱼，上回下

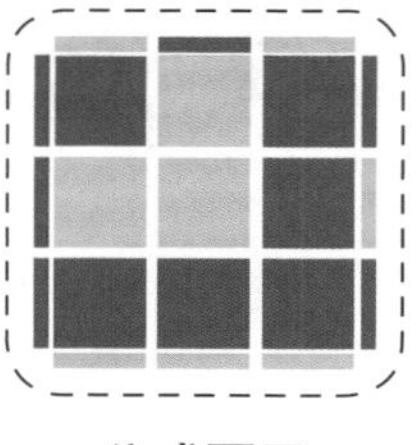

公式图示

## 如何得到这个情况?

只需要做 r U U R’ U’ R U R’ U’ R U’ r’ 这个公式即可。

## 公式名称由来

顶面左上角三个黄色是漂流的船，顶上两个黄色和右边一个黄色是几滴雨水，底下三个连续的黄色是海面。

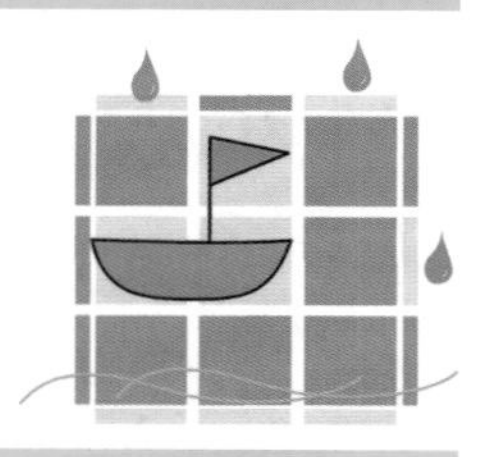

## 故事记忆

故事联想：想象船上长出一棵双头树，有个人从树上爬下来回头看，看到一只鳄鱼朝自己游过来，他吓到了，爬上树继续回头看，这时候鳄鱼走了，他就下去了。

温馨提示　大拇指放下面做公式。

## 拓展

也可以直接利用口诀记忆：
上拨拨下回，上拨下回，上回下！

# 漂流的船 / 左

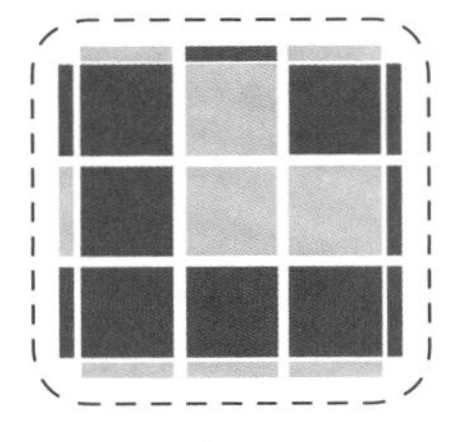

公式图示

字母：l' U U L U L' U' L U L' U l

分段：（l' U U）（L U）（L' U' L U）L' U l

编码：双头树，下回，鳄鱼，上回下

## 如何得到这个情况?

只需要做 l' U' L U' L' U L U' L' U U l 这个公式即可。

## 公式名称由来

同漂流的船 / 右。

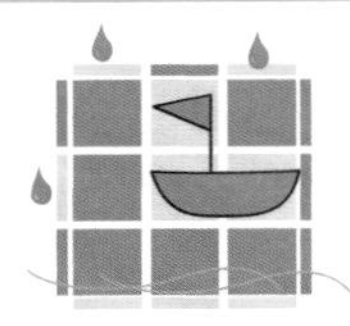

## 故事记忆

做右手的镜像公式。

## 拓展

这个公式和“擦玻璃公式”有点像，不同的地方是三滴雨水的位置，这里的三滴雨水是分散的，而“擦玻璃公式”旁边的两个黄色是连在一起的，你可以将两个公式放在一起对比一下。

# 处罚罪犯 / 右

字母：f U R U' R' f' R U R' U' R' F R F'

分段：f（U R U' R'）f'（R U R' U'）（R' F R F'）

编码：勾，尾巴，推，鳄鱼，钩子

公式图示

## 如何得到这个情况？

只需要做 F R' F' R U R U' R' f R U R' U' f' 这个公式即可。

## 公式名称由来

顶面左上角的黄色像是一个拳头打下来，下面的四个黄色看起来像一个罪犯跪在地上受罚，右后方旁边的两个黄色是两个重物压在罪犯的背上。

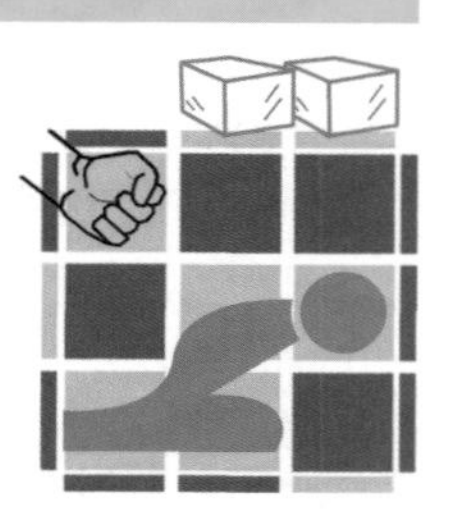

## 故事记忆

故事联想：想象你用手钩掉了这个罪犯的尾巴，然后用手推到了鳄鱼嘴里，结果发现鳄鱼嘴里含着钩子。

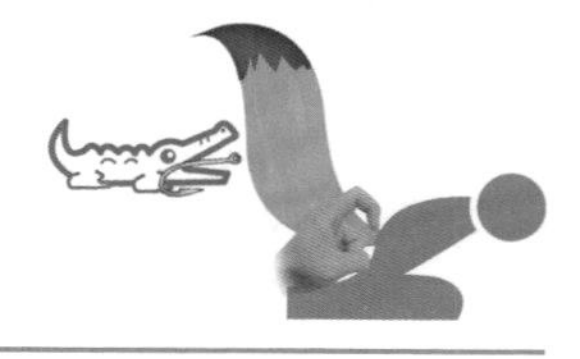

温馨提示　这个公式的后半部分是“钉子公式”。

## 拓展

这个公式步骤比较多，但是可以分成两个部分来做。前面 f（U R U' R'）f' 这个部分和“大巴车公式”非常像，后半部分则是一个“钉子公式”，这样分析一下，这个很长的公式也变得简单了。

# 处罚罪犯 / 左

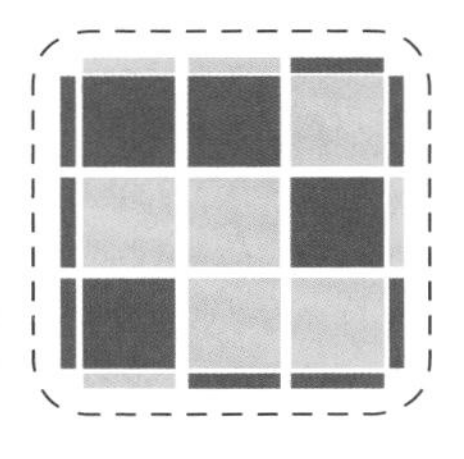

公式图示

字母：f' U' L' U L f L' U' L U L F' L' F

分段：f'（U' L' U L）f（L' U' L U）（L F' L' F）

编码：勾，尾巴，推，鳄鱼，钩子

## 如何得到这个情况？

只需要做 F' L F L' U' L' U L f' L' U' L U f 这个公式即可。

## 公式名称由来

同处罚罪犯 / 右。

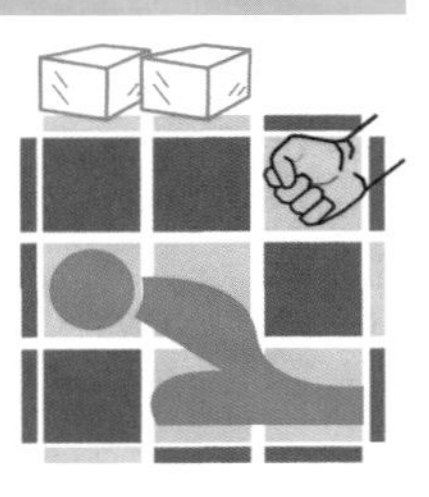

## 故事记忆

做右手的镜像公式。

## 拓展

这个公式和“人坐石凳”有点像，大家注意区分。

# 第四篇

# 进 10 秒冠军篇

# 常用非标对照训练表

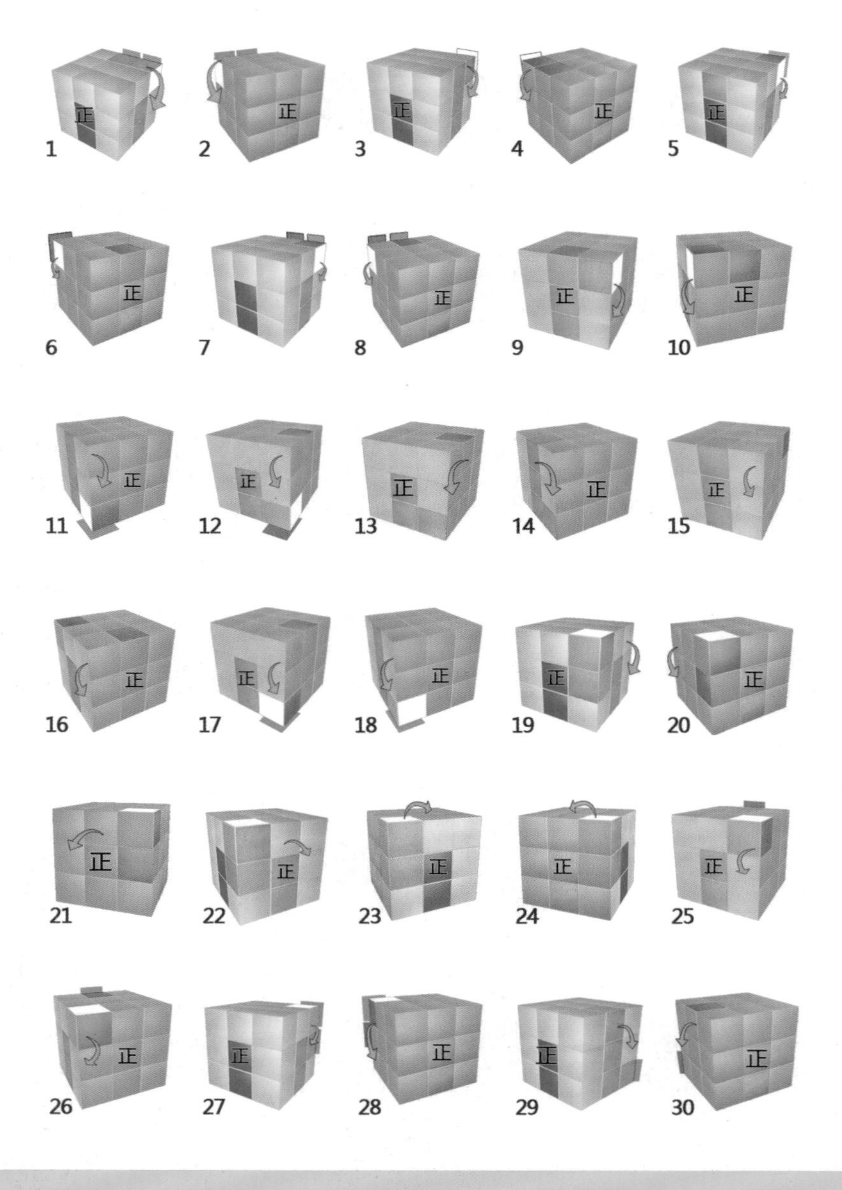
正
1
正
2
正
3
正
4
正
5
正
6
7
正
8
正
9
正
10
正
11
正
12
正
13
正
14
正
15
正
16
正
17
正
18
正
19
正
20
正
21
正
22
正
23
正
24
正
25
正
26
正
27
正
28
正
29
正
30

## 情况图 1

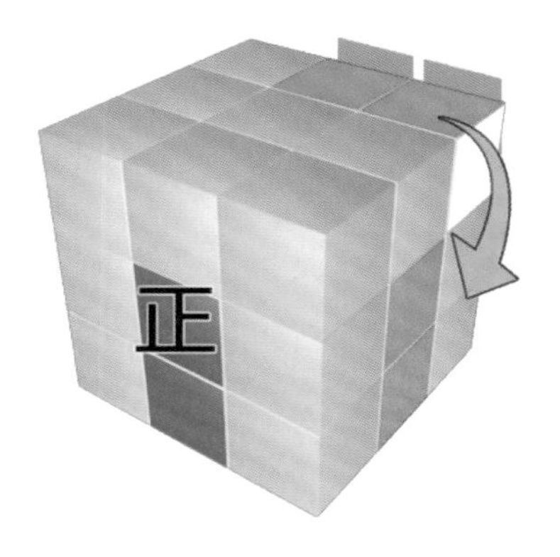


坐标：白下蓝前

B U B' U'

r' U' RUM'

打乱公式

复原公式

## 情况图 2

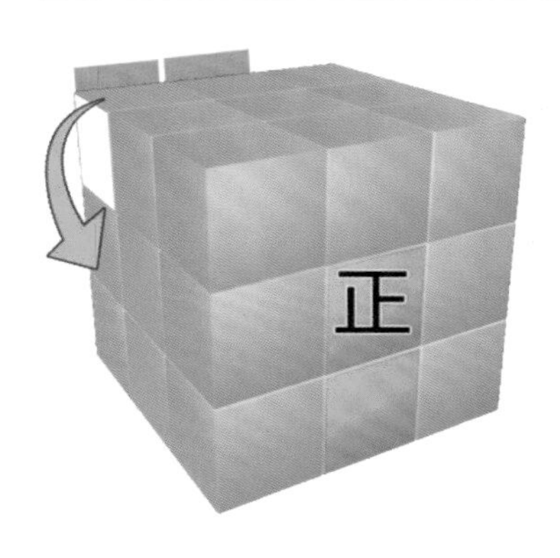


坐标：白下橙前

B' U' B U

l UL' U' M'

打乱公式

复原公式

## 情况图 3

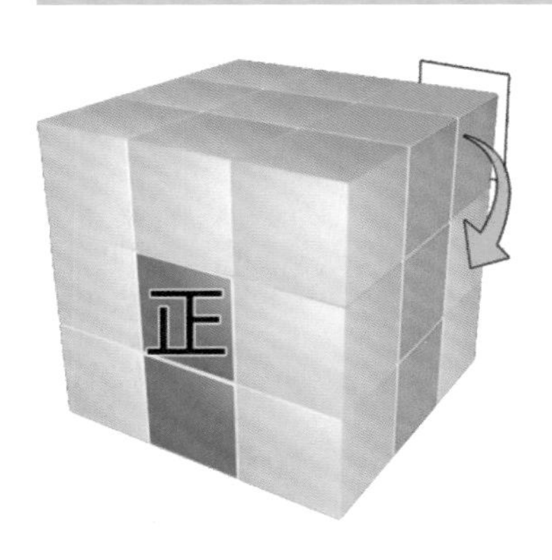


坐标：白下蓝前

R' U' R U

U' R' U R

打乱公式

复原公式

## 情况图 4

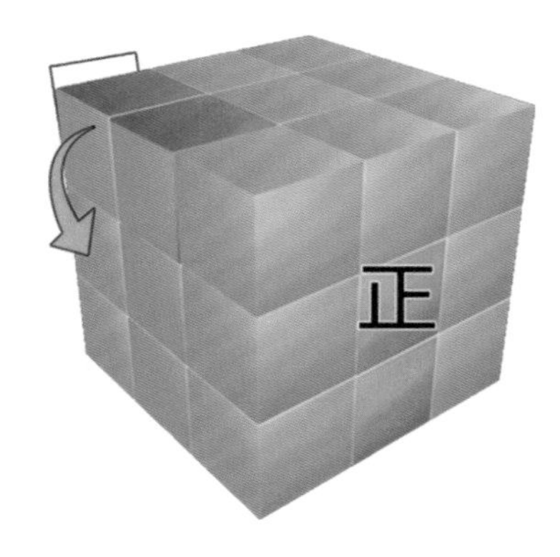


坐标：白下橙前

L U L’ U’

U L U’ L’

打乱公式

复原公式

## 情况图 5

坐标：白下蓝前

R’ U R

R’ U’ R

打乱公式

复原公式

## 情况图 6

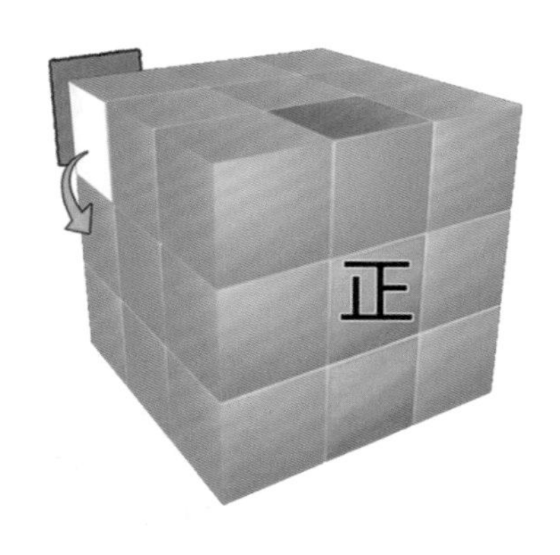


坐标：白下橙前

L U’ L’

L U L’

打乱公式

复原公式

## 情况图 7

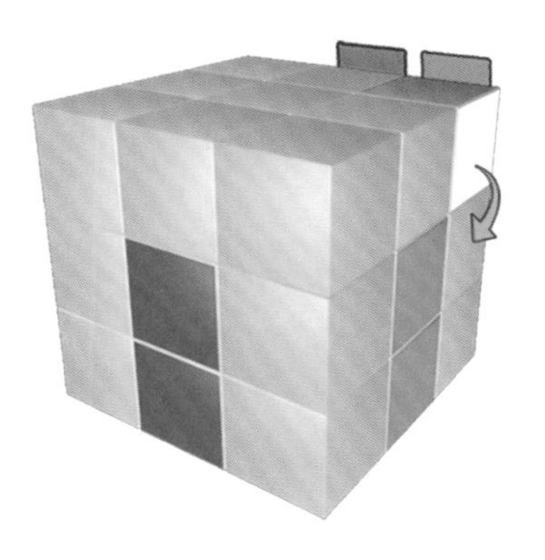

坐标：白下蓝前

R’ U R U’ BUUB’ U

RUUR2U’ R2U’ R’

打乱公式

复原公式

## 情况图 8

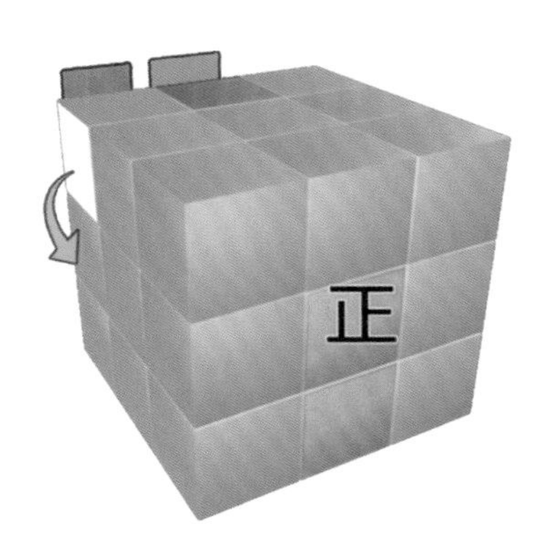


坐标：白下橙前

LU’ L’ UB’ UUBU’

L’ UU, L2UL2U, L

打乱公式

复原公式

## 情况图 9

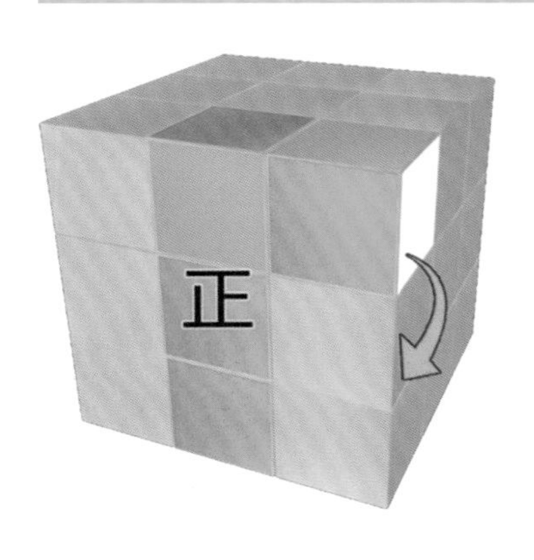


坐标：白下红前

URU’ R’, UF’ UUFU’

R’ UU, R2UR2U, R

打乱公式

复原公式

## 情况图 10

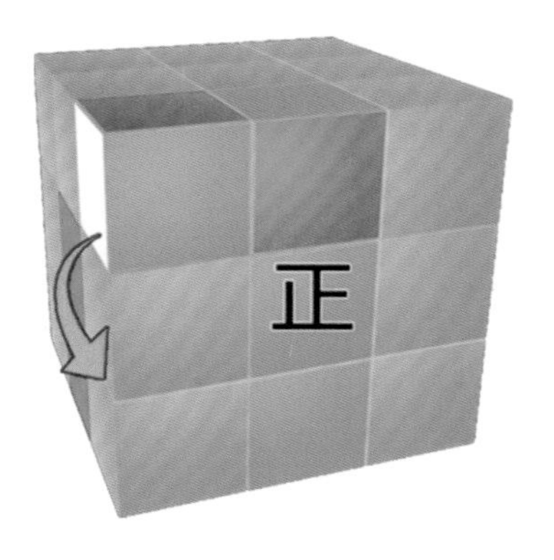


**坐标：白下绿前**

U’ L’UL, U’ FUUF’ U

LUU, L2U’ L2U’, L’

打乱公式

复原公式

## 情况图 11

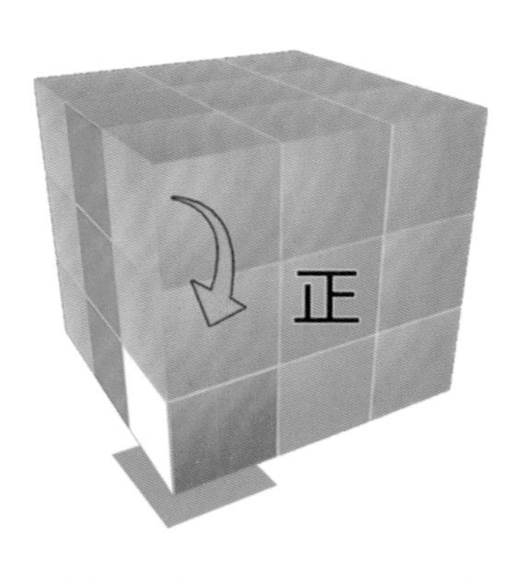


**坐标：白下绿前**

U’ L’ UL, U’ L’ UL

L’ U’ LU, L’ U’ LU

打乱公式

复原公式

## 情况图 12

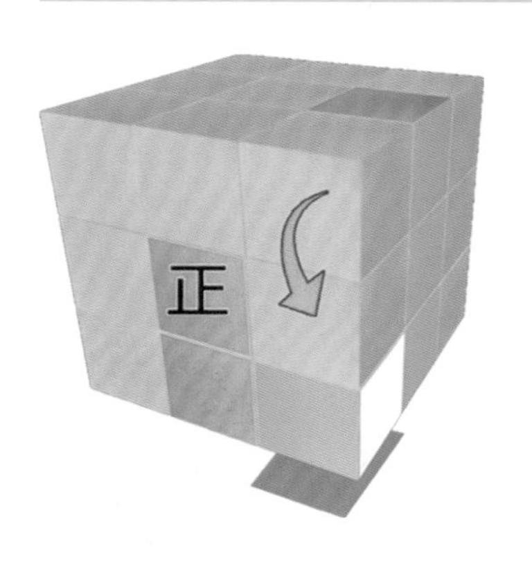


**坐标：白下红前**

URU’ R’, URU’ R’

RUR’ U’, RUR’ U’

打乱公式

复原公式

## 情况图13

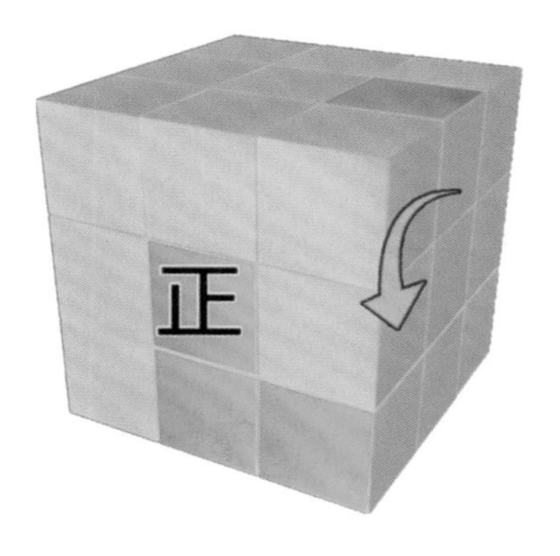


坐标：白下红前

F’ RUR’ U’, R’ FR

U’ F’ RUR’ U’, R’ FR

打乱公式

复原公式

## 情况图14

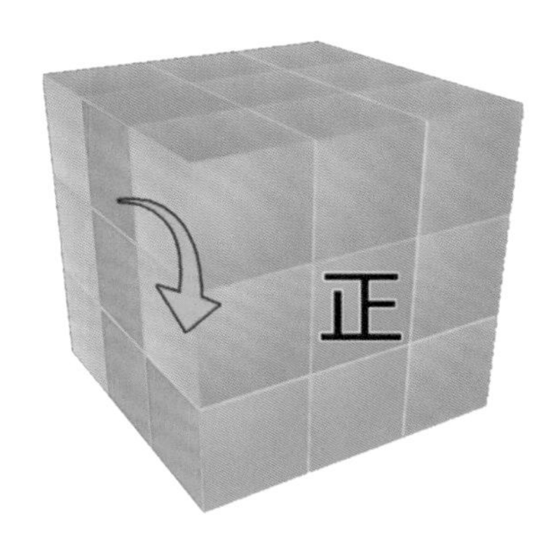


坐标：白下绿前

F L’ U’ LU, LF’ L’

UF L’ U’ LU, LF’ L’

打乱公式

复原公式

## 情况图15

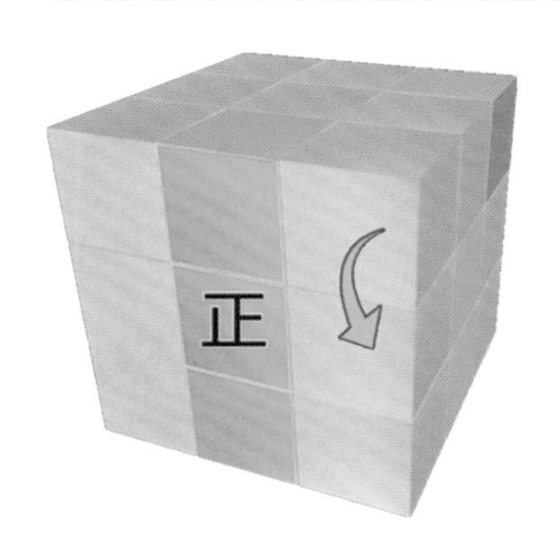


坐标：白下红前

F’ U’ F, UU, F’ UF, UU

r U’, R’ URU, r’

打乱公式

复原公式

## 情况图 16

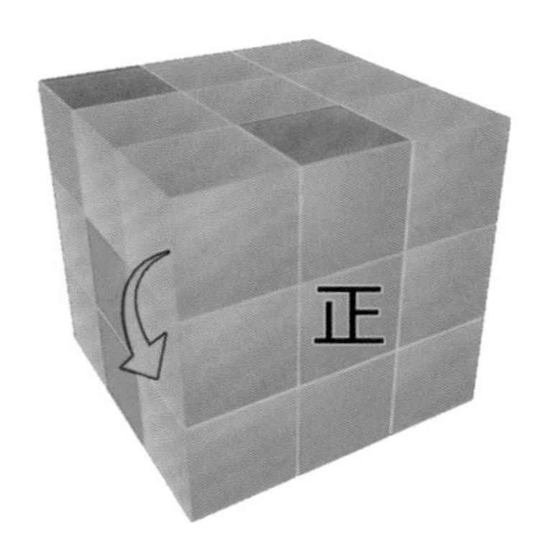


**坐标：白下绿前**

FUF’ UU, FU’F’ UU

l’ U, LU’ L’ U’, l

打乱公式

复原公式

## 情况图 17

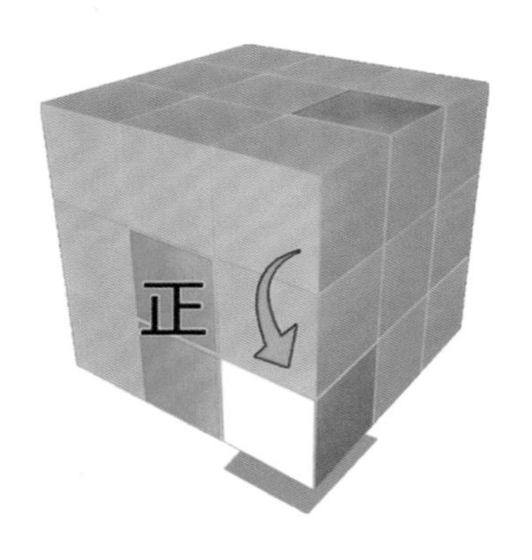


**坐标：白下红前**

RUR’ U’, RUR’

RU’ R’ U, RU’ R’

打乱公式

复原公式

## 情况图 18

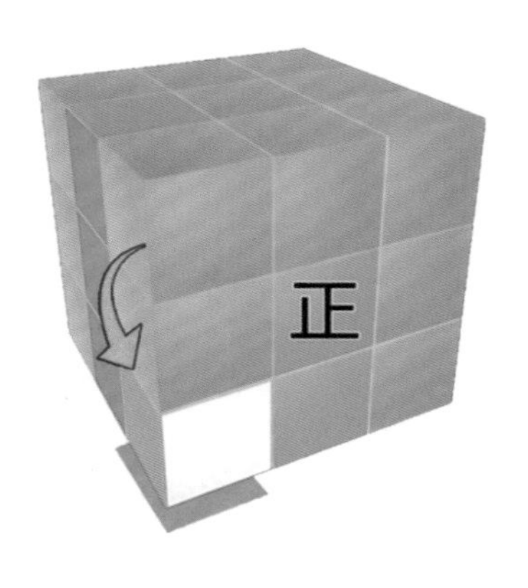


**坐标：白下绿前**

L’ U’ LU, L’ U’ L

L’ ULU’, L’ UL

打乱公式

复原公式

## 情况图 19

坐标：白下蓝前

R’ URF, R’ F’ RU’

U R’ F R F’ R’ U’ R

打乱公式

复原公式

## 情况图 20

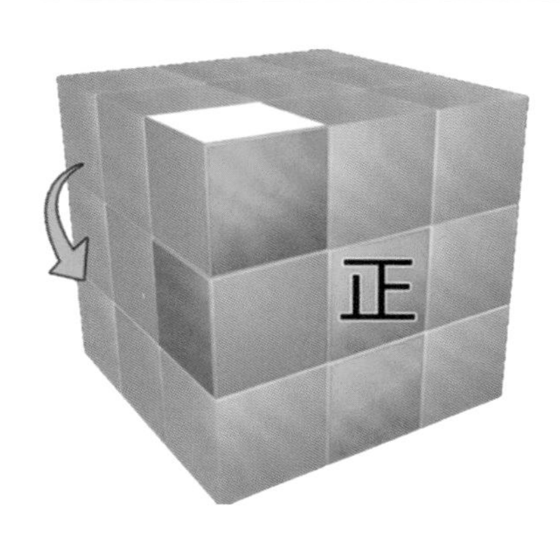


坐标：白下橙前

L U’ L’ F’, LFL’ U

U’ L F’ L’, FLUL’

打乱公式

复原公式

## 情况图 21

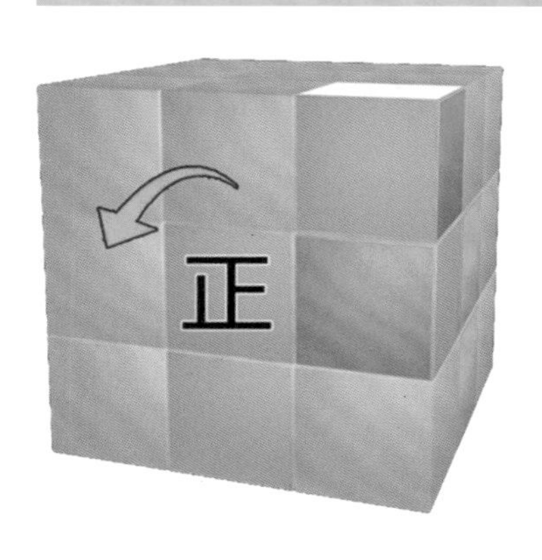


坐标：白下绿前

FUU, RURRF’, RU’

U R’ F, RRU’, R’ UUF’

打乱公式

复原公式

## 情况图 22

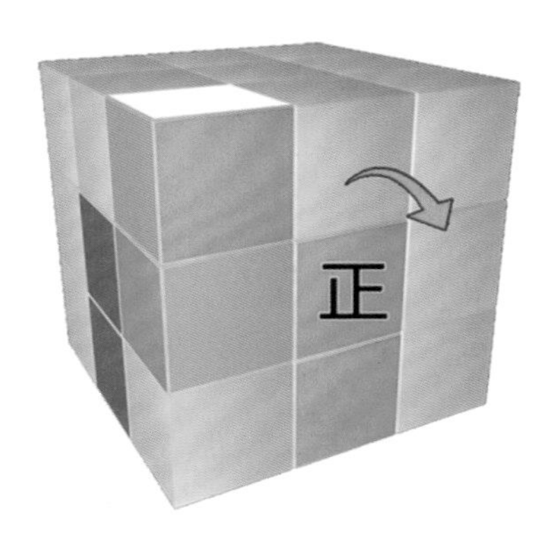


**坐标：白下红前**

F’ UUL’ U’ LL, FL’ U

U’ LF’, LLU, LUUF

打乱公式

复原公式

## 情况图 23

**坐标：白下蓝前**

R’ F U F’ R

R’ F U’ F’ R

打乱公式

复原公式

## 情况图 24

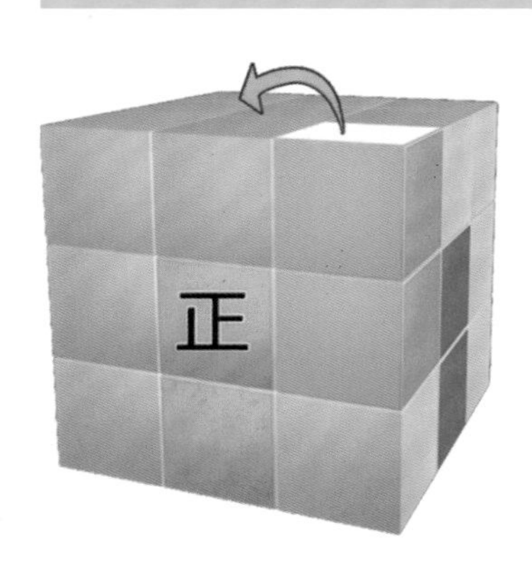


**坐标：白下橙前**

L F’ U’ F L’

L F’ U F L’

打乱公式

复原公式

## 情况图 25

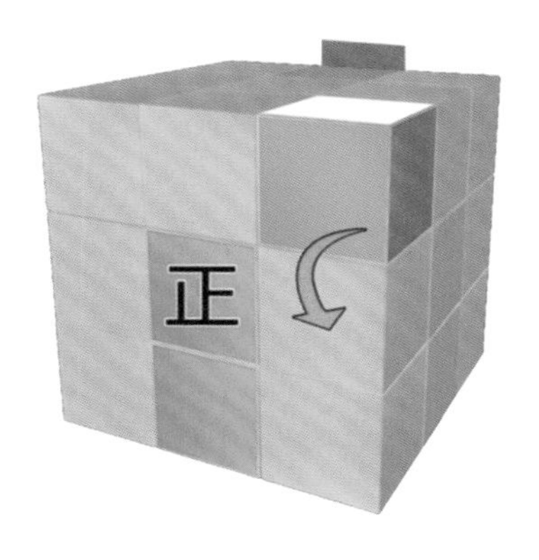


坐标：白下红前

r U’ r’, UU, rUr’

r U’ r’, UU, rUr’

打乱公式

复原公式

## 情况图 26

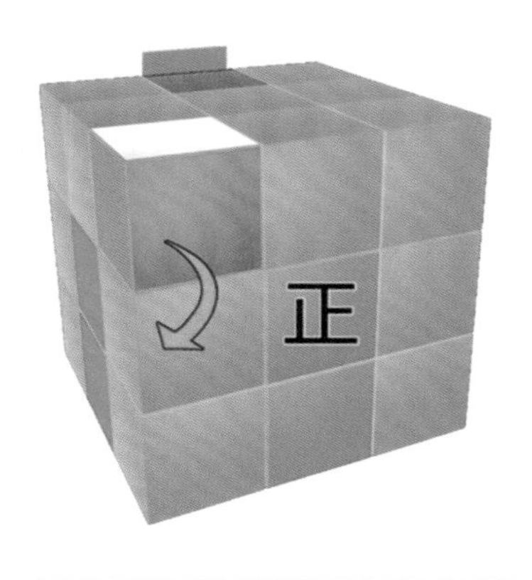


坐标：白下绿前

l’ Ul, UU, l’ U’ l

l’ Ul, UU, l’ U’ l

打乱公式

复原公式

## 情况图 27

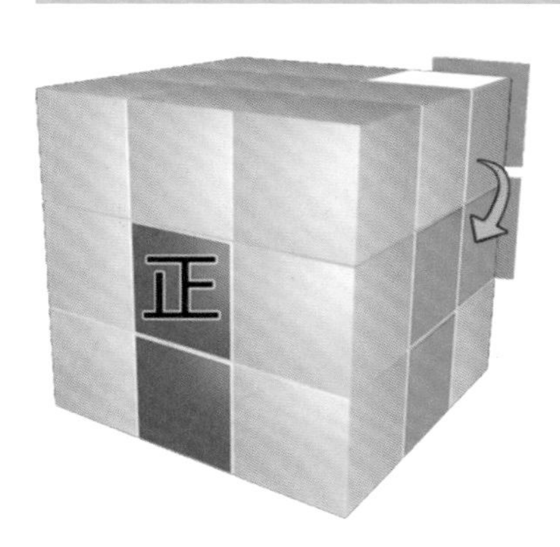


坐标：白下蓝前

（R’ U’ RU）3 次

（R’ U’ RU）3 次

打乱公式

复原公式

## 情况图 28

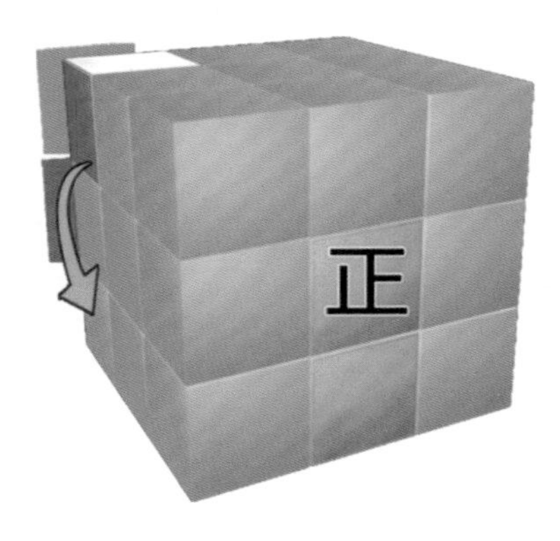


坐标：白下橙前

（LUL’ U’ ）3 次

（LUL’ U’ ）3 次

打乱公式

复原公式

## 情况图 29

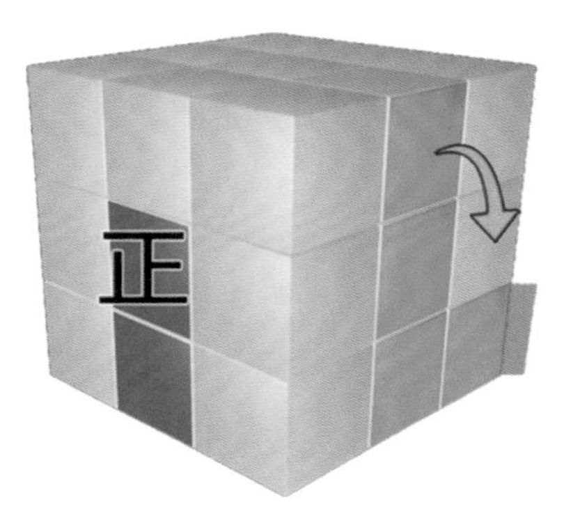


坐标：白下蓝前

R’ U R U, R’ URU’, R’ U’ RU’

R’ U R U, R’ URU’, R’ U’ R

打乱公式

复原公式

## 情况图 30

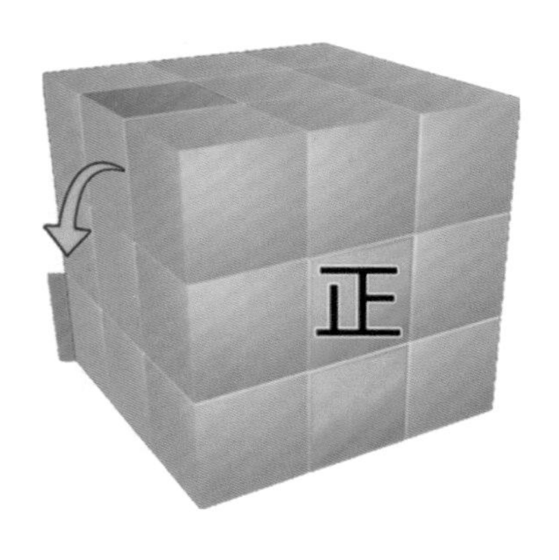


坐标：白下橙前

LU’ L’ U’, LU’ L’ U, LUL’ U

LU’ L’ U’, LU’ L’ U, LUL’

打乱公式

复原公式

# XC 一般做法

### XC 是什么?

简单来说就是复原十字的同时复原一组 F，有些同学认为这个很难训练。确实，如果想要每次都能提前做一组 F 或者多组 F，会有些观察上的难度。但是有没有什么简便的方法可以提供给初学者训练，或者说有没有什么别的方式来替代真正的 XC，但是又能实现 XC 一般的效果呢？接下来我就来介绍一下我的方法。

### 慢拧替代 XC！

什么意思呢？其实就是我们在训练的时候，需要将复原十字的速度放慢，为什么要放慢？因为只有放慢速度，我们在做完十字的最后一步的时候才有机会观察到一组 F 的走向，甚至有的时候可以判断出两组 F。当我们放慢速度复原十字的时候，眼睛其实有机会或者说有时间去观察一些 F 的走向，在复原十字的时候观察到了这些 F 的走向，就可以在做好十字的最后一步时直接处理，这样就能达到提前预判第一组的效果。这其实不是预判，而是你已经观察到了。

# 六色底

**六色底是什么意思?**

CFOP 四步法的第一步就是拼十字，这个十字不一定是以白色中心为底，你也可以用黄色中心做为底来拼十字，也可以使用其他颜色为底来拼十字，用不同的中心作为底，拼 F 的时候也要用相同的颜色来拼。

**为什么要六色底?**

我们通常都会用白色中心作为底来拼十字，但是很多时候，以白色中心为底的没那么好做十字，反而用别的颜色来作为底会更好处理、步骤更少，那此时我们就可以采用别的颜色中心来拼十字。

**一定要练六色底吗?**

不一定！我本人也没有很高强度地训练过六色底，但是我的复原时间也在 10 秒左右，这个可以根据个人的需求来判断，如果你希望自己能够达到更高的水平，能够从多角度去复原魔方，让自己复原的速度整体比较稳定地提升，是可以训练六色底的。

**如何训练六色底?**

记住不同底的时候的颜色朝向，比如正常以白色底时，红前橙后左蓝右绿。那如果以黄色底时就是：红前橙后左绿右蓝。如果是蓝色底就是：白前黄后左红右橙。绿色底就是：白前黄后左橙右红。

**建议：大家先把白色底练熟练后再练习其他的底。**

# 提速核心思想

**五大提速思想**

思想1：熟练程度。

思想2：手速程度。

思想3：观察连贯性。

思想4：公式数量。

思想5：手法连贯性。

## 熟练程度

熟练程度有三个方面。

### 1. 对整个复原魔方流程的熟练度

如果你不想学CFOP，就想直接在7步法的基础上提速，那你就要对7步法的7个步骤非常熟练，达到肌肉记忆、条件反射的状态才行。

如果你想掌握CFOP四步法，你就需要对CFOP四步法的每个步骤非常熟练，说具体一点，就是对于每个步骤所需要用到的内容都烂熟于心，能达到随机应变的程度。

### 2. 对公式的熟练程度

很多同学以为公式学会了就行了，其中这还远远不够，公式学会了，但是你做一个公式需要花8秒，这只能算你会，如果要提速还需要对这些公式非常熟练，你至少要能在2秒做完一个公式，不然你的速度会很难提升。如何提升公式熟练度？首先，要注意公式的手法和连贯性；其次，要对每个公式进行大量肌肉记忆训练，只有这样才能对每个公式都形成条件反射。

### 3. 对情况的熟悉程度

有部分同学会犯这样的错误，在做公式的时候总是牛头不对马嘴，这是因为没有将情况辨别清楚，将公式和情况张冠李戴了，这样也会很浪费时间。我们需要对每种情况进行区分，相似的情况要拿到一起来进行对比，找到不一样的地方，这个在前面的公式教学部分也讲过。还有就是通过大量练习来和这些陌生的情况多打交道，打交道多了，你可能只需要看到一部分就能认出这个情况了，就好像你的家人，他们只要“哼”一声你就知道是谁了。

## 手速程度

### 1. 手速程度是什么

手速程度就是你一秒钟能够做多少步，你可以复原一个魔方并记录下时间，同时记录下总共花费的步数，然后用时间除以总的步数就是你每秒钟的速度了。用手机测可能不太好测，如果你有智能魔方的话就很简单了，智能魔方只需连接平板或者手机并下载安装好 App，之后你打乱然后复原智能魔方，App 会自动记录你的时间和步骤，每秒的步数都会记录。

### 2. 如何训练手速

a. 可以训练单个公式的手速，找到某个公式的连贯手法，然后持续不断地练习，直到能把这个公式在更短的时间内一气呵成，比如 1 秒钟做完某个公式。

b. 可以训练单个手法，比如“RUR’U’（上拨下回）”这个手法，你尽量在 2 秒做完 6 次（复原的魔方重复做这个手法 6 次又回到复原状态，这样可以检测你手法的准确性）。左右手都需要训练，这样才能稳定提升。

可以训练手速的手法：

鳄鱼（RUR’U’）上拨下回；

尾巴（URU’R’）拨上回下；

钩子（R’FRF’）下勾上推；

书包（RU’R’U’）上回下回；

抹布（RUR’U）上拨下拨。

还有其他很多手法都可以训练速度，大家自己挑选来训练即可。

c. 可以练习连续做 OLL 的 57 个公式（或 PLL21 个），就是连续从第一个公式一直练到最后一个（连拧）。

## 观察连贯性非常重要★★★★★

### 1. 什么是观察连贯性

观察连贯性说的是我们在复原魔方的时候需要做一步看一步或者看两步，

甚至看到更多步骤。这就好像下象棋一样，走一步要看好几步。

具体来说，CFOP 四步法的第一步是做十字，做十字前可以先把十字的复原步骤都记忆下来，这是提前观察好的，而在我们做十字的过程中就要开始观察第一组 F 了，这里是边做边观察，边做边观察的目的是让第一步十字和第二步的 F 连接起来，中间尽量不要停留，然后在做第一组 F 的过程中就要尽量观察第二组 F，同样做第 2 组 F 时要观察第三组，做第三组时观察第四组，做第四组时快速反应 OLL，最后就是快速识别 PLL 了。

在整个过程中，每个步骤之间的停留时间越少，你的连贯性就越好，连贯性越好，你的复原时间就会越短。

### 2. 如何训练观察连贯性

训练方法很简单，就是放慢速度复原，让你在复原这个步骤的时候有时间或者说有机会观察到下一步该怎么做，久而久之，随着训练量越来越大，你的连贯性就会由慢变快了。

要控制自己不要太快，一旦快习惯了，你可能就比较难慢下来，要刻意放慢速度练习。让自己养成连贯的习惯，后面会一步一步变快的，记住“欲速则不达”。

## 公式数量

公式的数量直接影响你复原的速度，为什么这么说？因为你知道的公式数量越多，你能处理的情况也就越多，你能处理各种不同的情况，就说明你的步骤一定会更少，因为当你遇到不会的情况时你就需要用别的方式来代替，这样就导致你的做法不是最优解。

除了 CFOP 基本的 119 个公式以外，还有很多其他延伸出来的公式，比如“F2L 非标”（就是除了基础的 F2L 公式以外还有一些非标准形态的 F2L 情况的解法），非标在前面给大家列举了常用的 30 个，那是不是就只有这 30 个呢？当然不是，还有很多，只是前面介绍的这些比较常用罢了。如果大家想速度更快，还可以自己去寻找更多的非标来学习。

除了非标还有四向的 OLL 和四向的 PLL，每一个 OLL 和 PLL 都有四种不同的做法，这些大家都可以去更深入地学习，当你掌握的四向公式多了，你复原时魔方整体转动的次数就会减少，步骤也会减少了，步骤少了速度当然会更快。

所以大家有时间可以多积累一些公式，对提速会很有帮助，你会发现不知不觉中你的速度就慢慢提升到了另外一个水平，有时候你自己都会被自己的成绩惊喜到。

## 手法连贯性

### 1. 什么是手法连贯性

这里说的“手法连贯性”是指对于公式的做法一气呵成，中间不换手，在尽量不转体的情况下复原公式。越是到后面提速就越有难度，优化公式的手法很有必要，除非你感觉这个手法已经非常顺手了。只要你感觉不够顺手；你就可以尝试优化，当然有时候公式不顺手是因为训练的量太少了，有些情况，最开始不顺手是因为你不够熟练，手指还没有形成肌肉记忆，所以当你发现不顺手，你可以增加训练量，让你的各个手指形成肌肉记忆，通过大量训练后，之前认为不顺手的公式可能会变得顺手起来。

### 2. 如何训练手法连贯性

首先我们要知道每个公式都有一个起手的位置，具体来说就是做公式的时候大拇指的拿法，下面是几种起手的拿法，大家参考一下：

拇指朝上

拇指朝前

拇指朝下

拇指在后

# 附录

# OLL-57

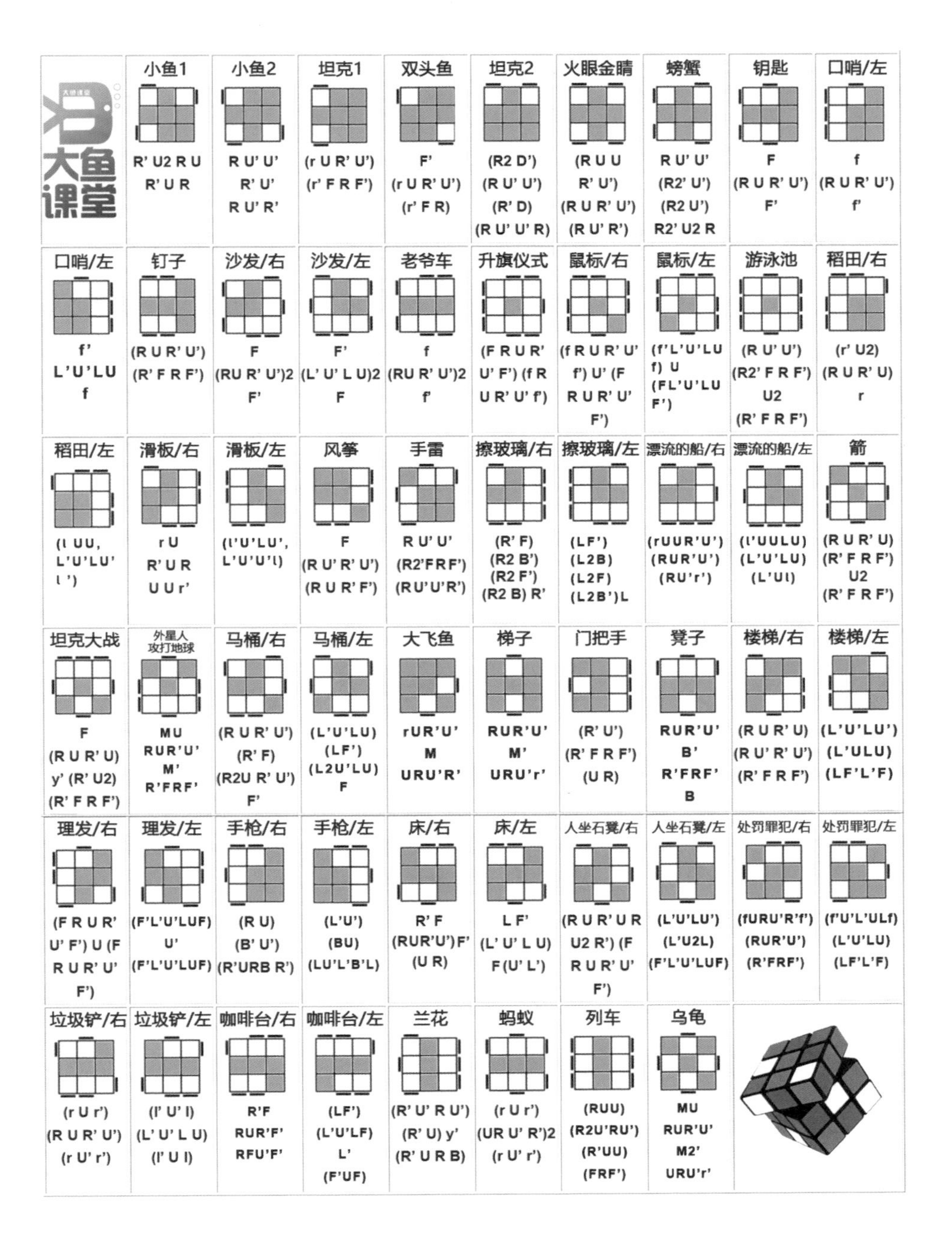
大鱼课堂
小鱼1
R' U2 R U R' U R
小鱼2
R U' U' R' U' R U' R'
坦克1
(r U R' U') (r' F R F')
双头鱼
F' (r U R' U') (r' F R)
坦克2
(R2 D') (R U' U') (R' D) (R U' U' R)
火眼金睛
(R U U R' U') (R U R' U') (R U' R')
螃蟹
R U' U' (R2' U') (R2 U') R2' U2 R
钥匙
F (R U R' U') F'
口哨/左
f (R U R' U') f'
口哨/左
f' L'U'LU f
钉子
(R U R' U') (R' F R F')
沙发/右
F (RU R' U')2 F'
沙发/左
F' (L' U' L U)2 F
老爷车
f (RU R' U')2 f'
升旗仪式
(F R U R' U' F') (f R U R' U' f')
鼠标/右
(f R U R' U' f') U' (F R U R' U' F')
鼠标/左
(f'L'U'LU f) U (FL'U'LU F')
游泳池
(R U' U') (R2' F R F') U2 (R' F R F')
稻田/右
(r' U2) (R U R' U) r
稻田/左
(l UU, L'U'LU' l')
滑板/右
r U R' U R U U r'
滑板/左
(l'U'LU', L'U'U'l)
风筝
F (R U' R' U') (R U R' F')
手雷
R U' U' (R2'FRF') (RU'U'R')
擦玻璃/右
(R' F) (R2 B') (R2 F') (R2 B) R'
擦玻璃/左
(LF') (L2B) (L2F) (L2B')L
漂流的船/右
(rUUR'U') (RUR'U') (RU'r')
漂流的船/左
(l'UULU) (L'U'LU) (L'Ul)
箭
(R U R' U) (R' F R F') U2 (R' F R F')
坦克大战
F (R U R' U) y' (R' U2) (R' F R F')
外星人攻打地球
MU RUR'U' M' R'FRF'
马桶/右
(R U R' U') (R' F) (R2U R' U') F'
马桶/左
(L'U'LU) (LF') (L2U'LU) F
大飞鱼
rUR'U' M URU'R'
梯子
RUR'U' M' URU'r'
门把手
(R' U') (R' F R F') (U R)
凳子
RUR'U' B' R'FRF' B
楼梯/右
(R U R' U) (R U' R' U') (R' F R F')
楼梯/左
(L'U'LU') (L'ULU) (LF'L'F)
理发/右
(F R U R' U' F') U (F R U R' U' F')
理发/左
(F'L'U'LUF) U' (F'L'U'LUF)
手枪/右
(R U) (B' U') (R'URB R')
手枪/左
(L'U') (BU) (LU'L'B'L)
床/右
R' F (RUR'U')F' (U R)
床/左
L F' (L' U' L U) F (U' L')
人坐石凳/右
(R U R' U R U2 R') (F R U R' U' F')
人坐石凳/左
(L'U'LU') (L'U2L) (F'L'U'LUF)
处罚罪犯/右
(fURU'R'f') (RUR'U') (R'FRF')
处罚罪犯/左
(f'U'L'ULf) (L'U'LU) (LF'L'F)
垃圾铲/右
(r U r') (R U R' U') (r U' r')
垃圾铲/左
(l' U' l) (L' U' L U) (l' U l)
咖啡台/右
R'F RUR'F' RFU'F'
咖啡台/左
(LF') (L'U'LF) L' (F'UF)
兰花
(R' U' R U') (R' U) y' (R' U R B)
蚂蚁
(r U r') (UR U' R')2 (r U' r')
列车
(RUU) (R2U'RU') (R'UU) (FRF')
乌龟
MU RUR'U' M2' URU'r'

# PLL-21

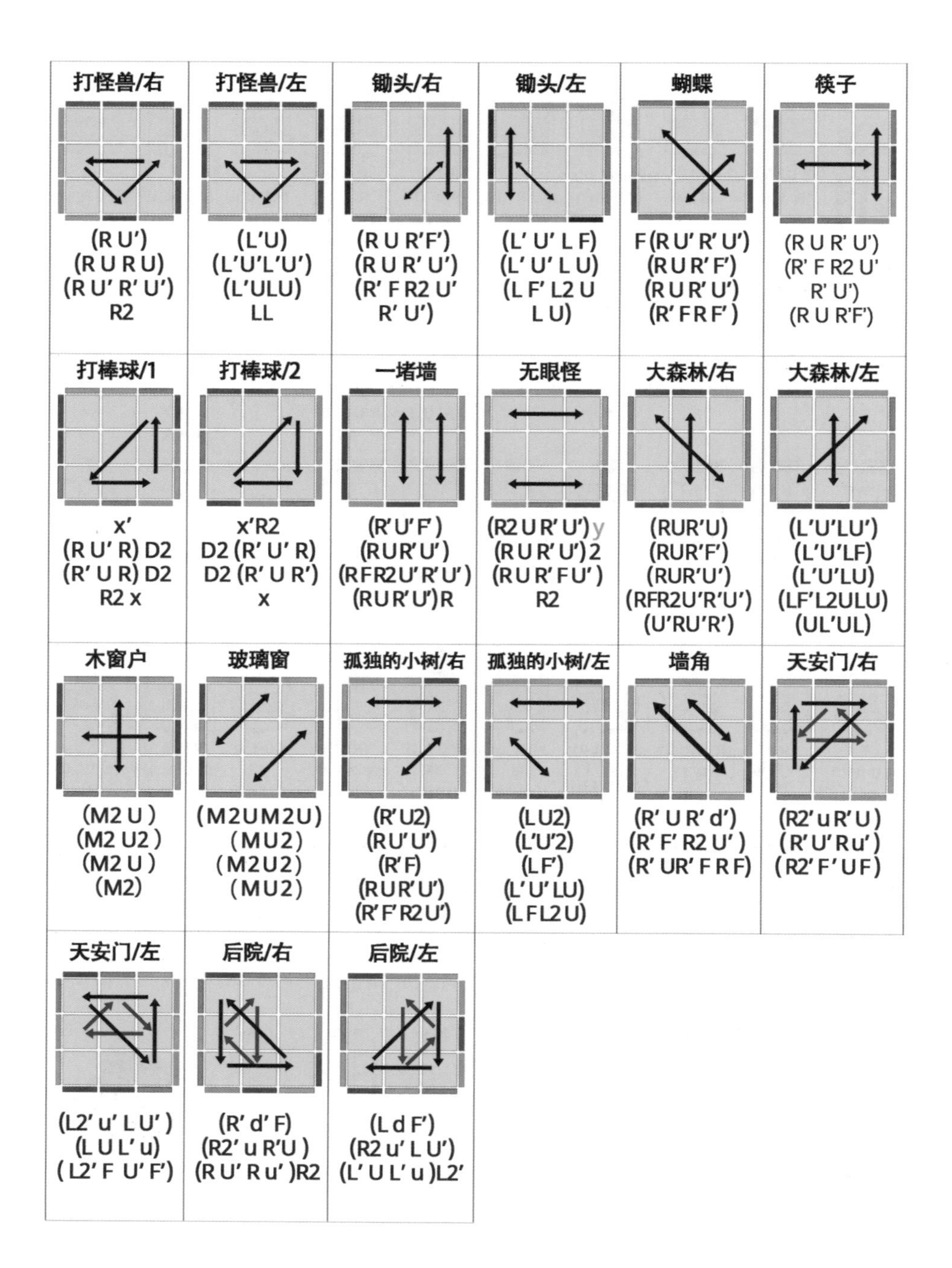
打怪兽/右
(R U')
(R U R U)
(R U' R' U')
R2
打怪兽/左
(L'U)
(L'U'L'U')
(L'ULU)
LL
锄头/右
(R U R'F')
(R U R' U')
(R' F R2 U'
R' U')
锄头/左
(L' U' L F)
(L' U' L U)
(L F' L2 U
L U)
蝴蝶
F(R U' R' U')
(R U R' F')
(R U R' U')
(R' F R F')
筷子
(R U R' U')
(R' F R2 U'
R' U')
(R U R'F')
打棒球/1
x'
(R U' R) D2
(R' U R) D2
R2 x
打棒球/2
x'R2
D2 (R' U' R)
D2 (R' U R')
x
一堵墙
(R' U' F')
(RUR'U')
(RFR2U'R'U')
(RUR'U')R
无眼怪
(R2 U R' U') y
(R U R' U') 2
(R U R' F U')
R2
大森林/右
(RUR'U)
(RUR'F')
(RUR'U')
(RFR2U'R'U')
(U'RU'R')
大森林/左
(L'U'LU')
(L'U'LF)
(L'U'LU)
(LF'L2ULU)
(UL'UL)
木窗户
(M2 U)
(M2 U2)
(M2 U)
(M2)
玻璃窗
(M2UM2U)
(MU2)
(M2U2)
(MU2)
孤独的小树/右
(R'U2)
(RU'U')
(R'F)
(RUR'U')
(R'F'R2U')
孤独的小树/左
(LU2)
(L'U'2)
(LF')
(L'U'LU)
(LFL2U)
墙角
(R' U R' d')
(R' F' R2 U')
(R' UR' F R F)
天安门/右
(R2' u R' U)
(R' U' R u')
(R2' F' U F)
天安门/左
(L2' u' L U')
(L U L' u)
(L2' F U' F')
后院/右
(R' d' F)
(R2' u R'U)
(R U' R u')R2
后院/左
(L d F')
(R2 u' L U')
(L' U L' u)L2'

# F2L-41

如果发现此处公式和前面学过的不同，可以当作多学一种方法。

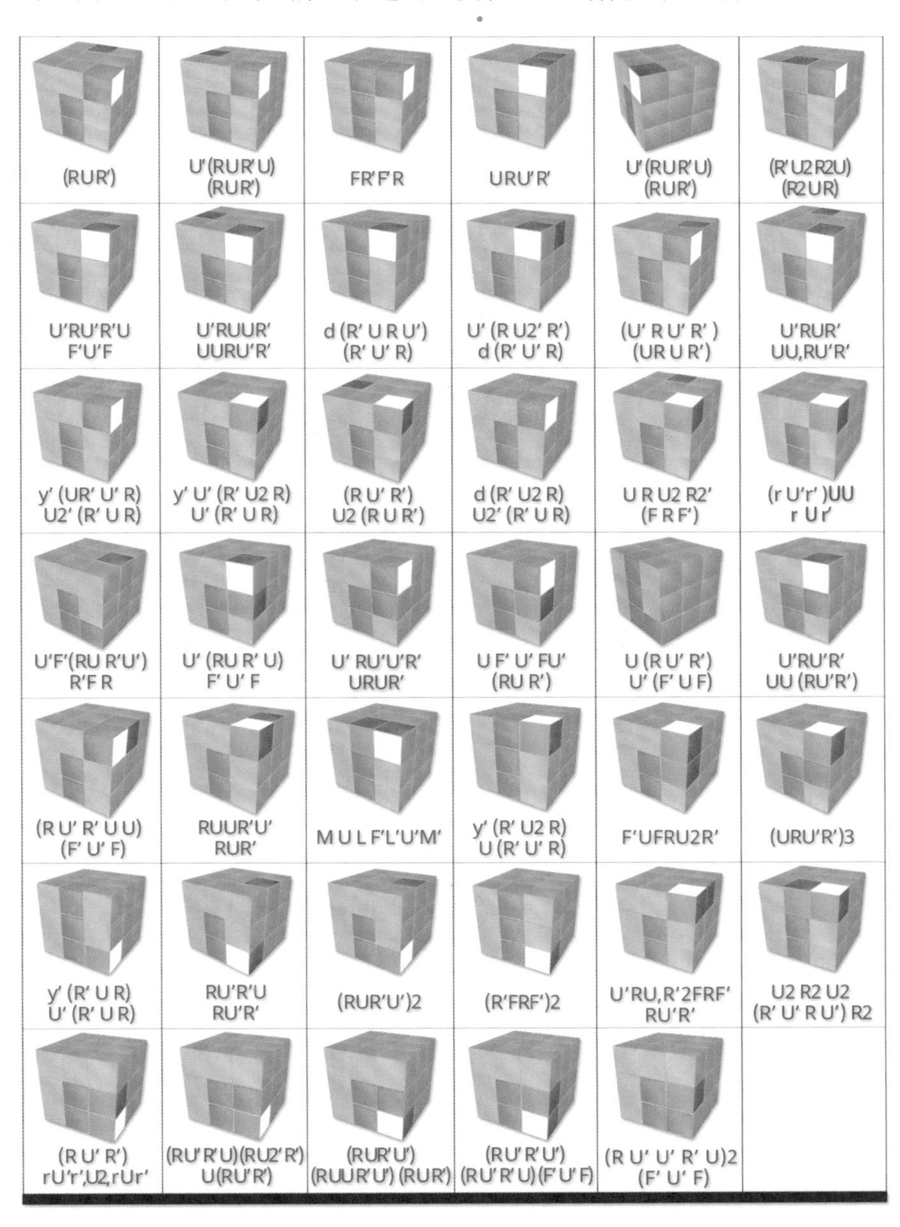

# 魔方朝向与公式字母说明

## 魔方朝向说明

相对朝向以实际坐标为准。

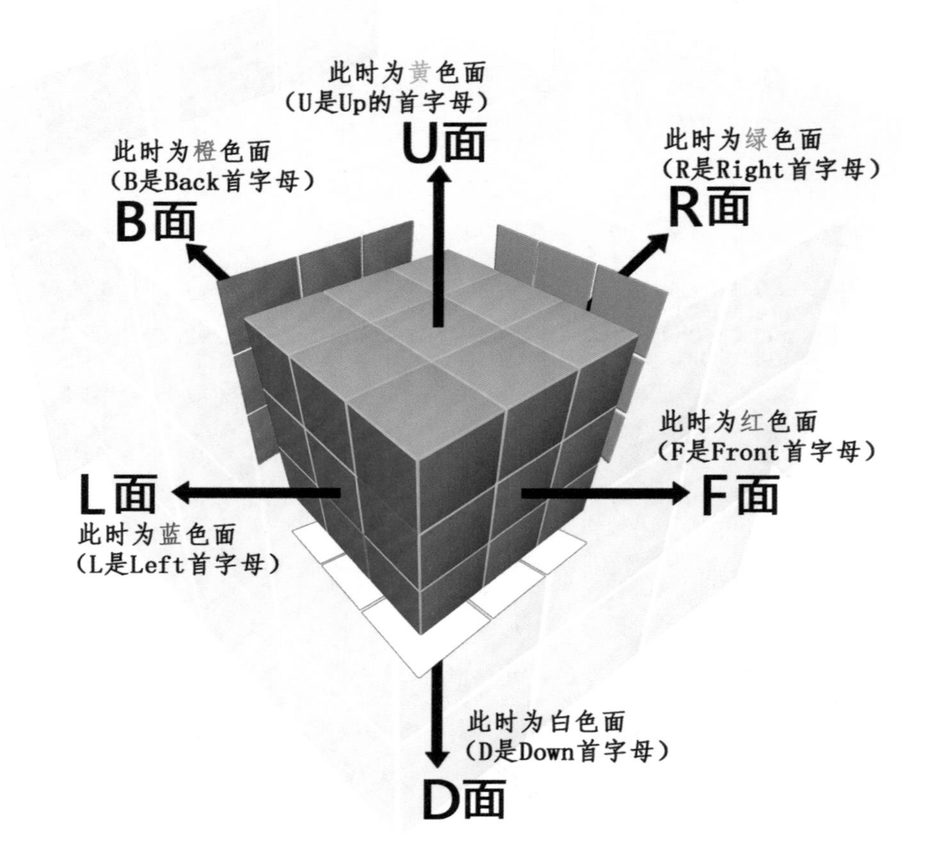


图中的颜色并不是指固定的朝向，具体朝向要根据实际魔方坐标决定，图中是以白色为底红色朝前时的朝向，如果此时你将魔方换一个方向，比如将红色作为底白色作为前，那此时的颜色朝向就会发生变化，变成了左绿右蓝前白后黄顶橙。

## 公式字母说明

90° 表示转一下，180° 表示转两下；转 180° 的时候顺逆都是一样的效果。

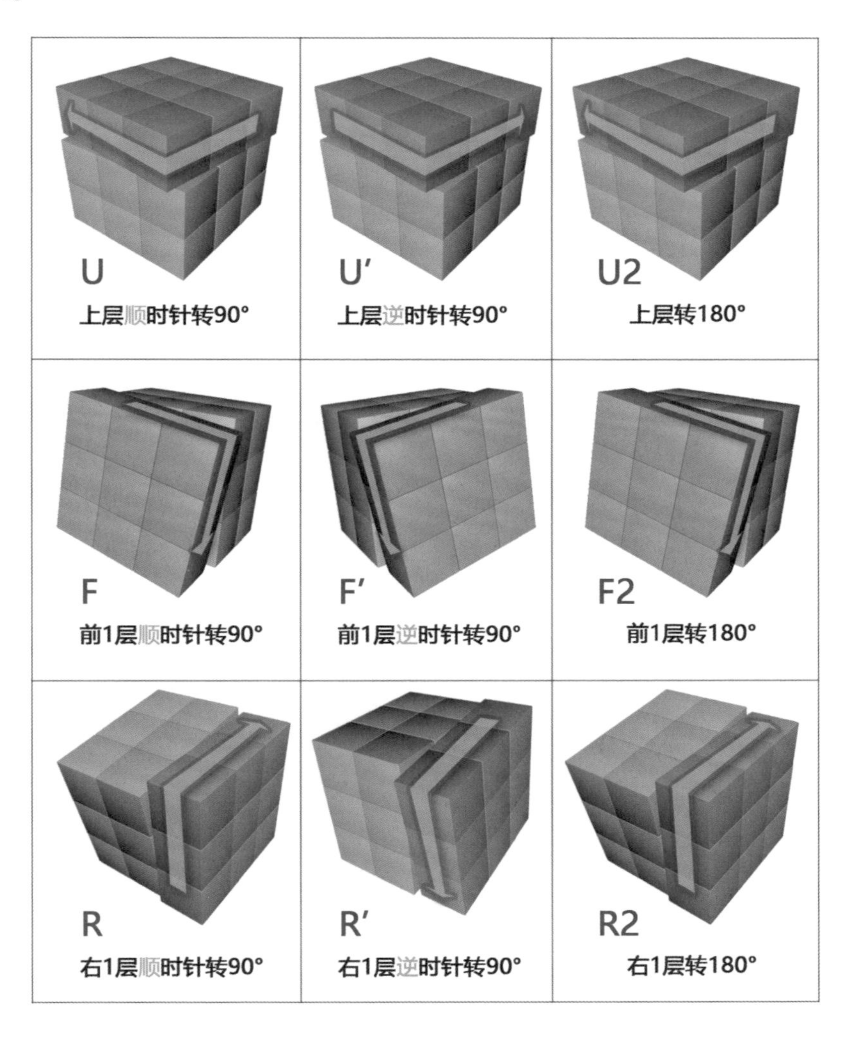

## 公式字母说明

90° 表示转一下，180° 表示转两下；转 180° 的时候顺逆都是一样的效果。

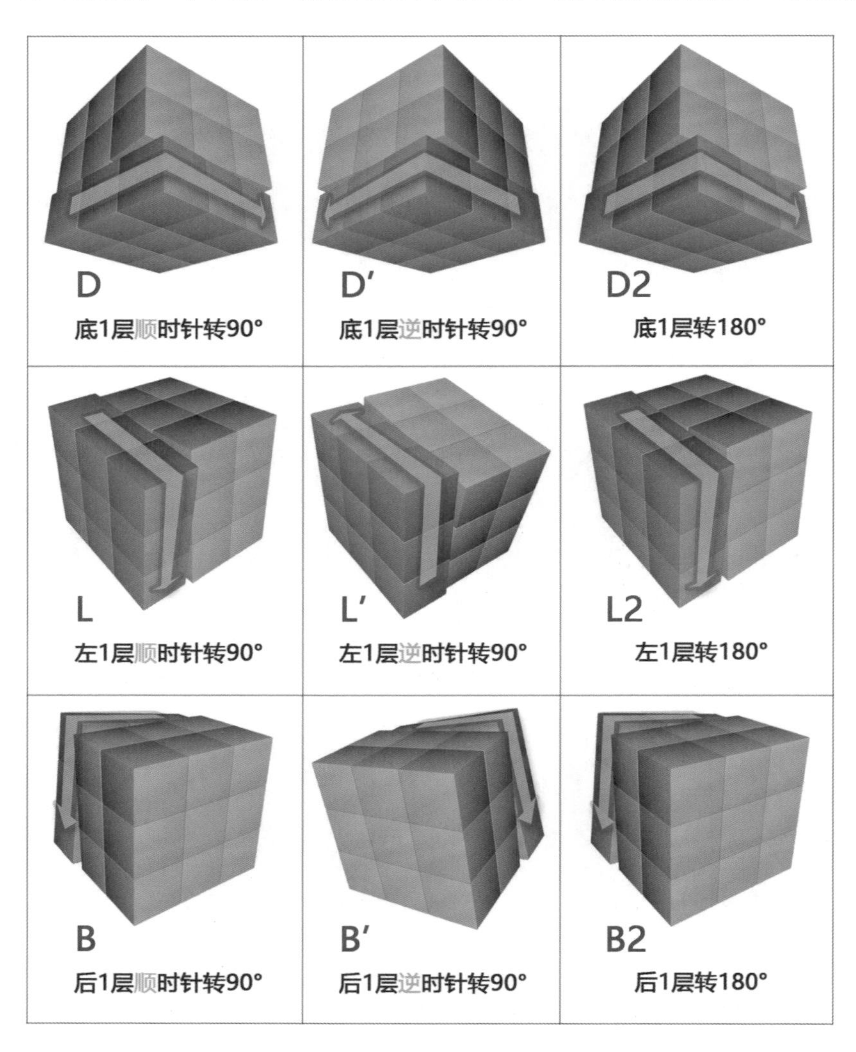

## 公式字母说明

90° 表示转一下，180° 表示转两下；转 180° 的时候顺逆都是一样的效果。

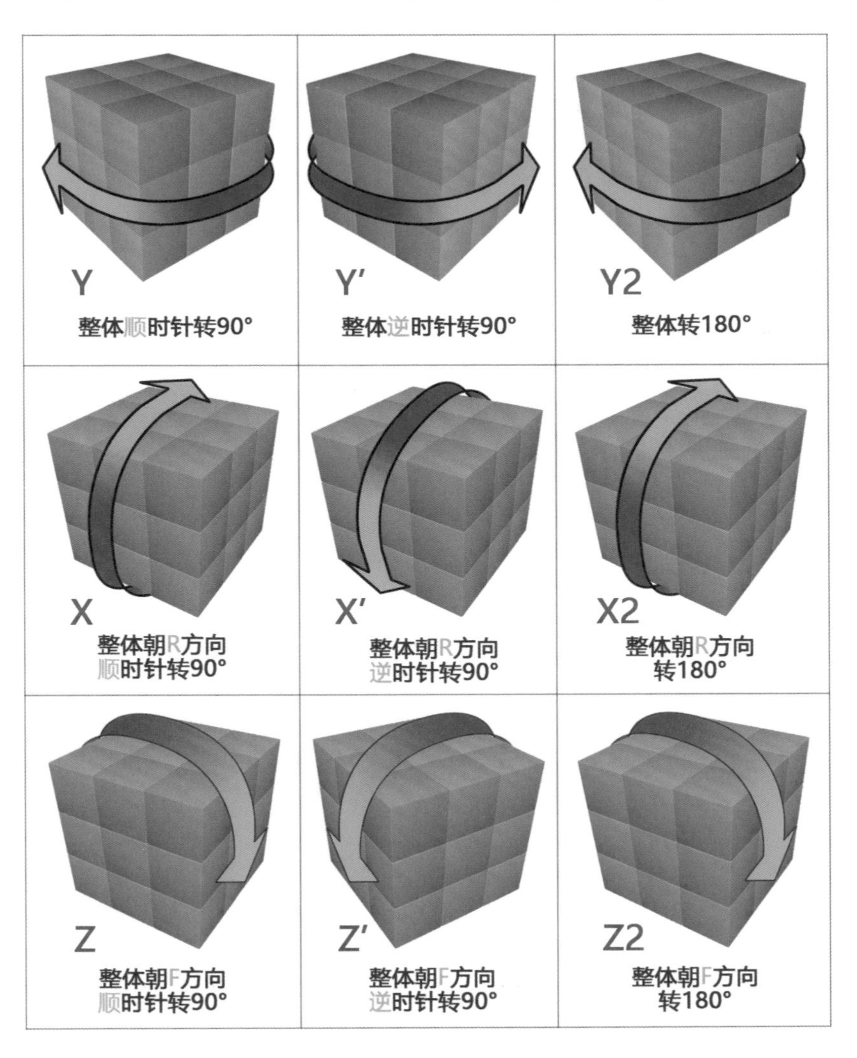


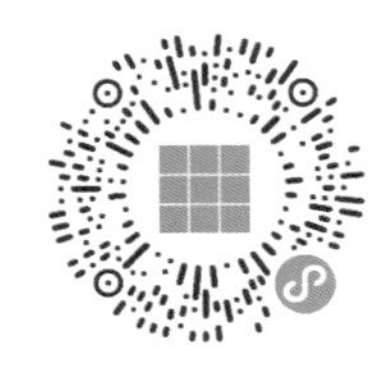

## 公式字母说明

90° 表示转一下，180° 表示转两下；转 180° 的时候顺逆都是一样的效果。

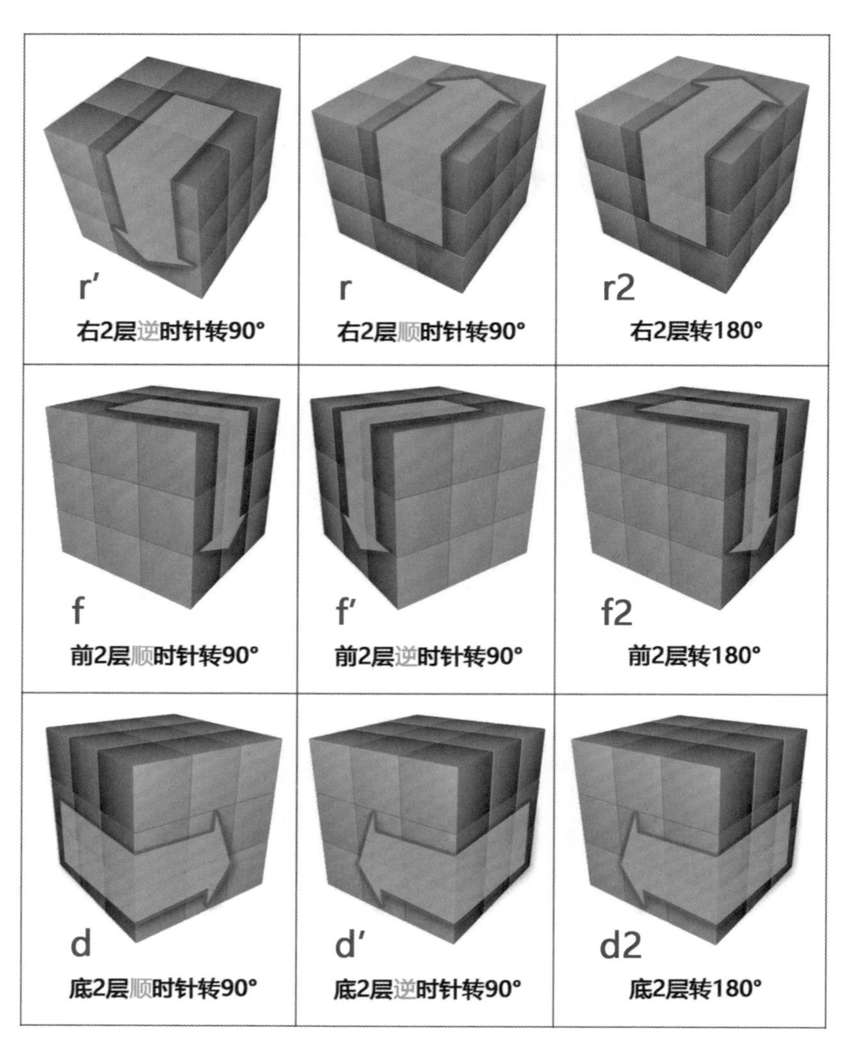

## 公式字母说明

90° 表示转一下，180° 表示转两下；转 180° 的时候顺逆都是一样的效果。

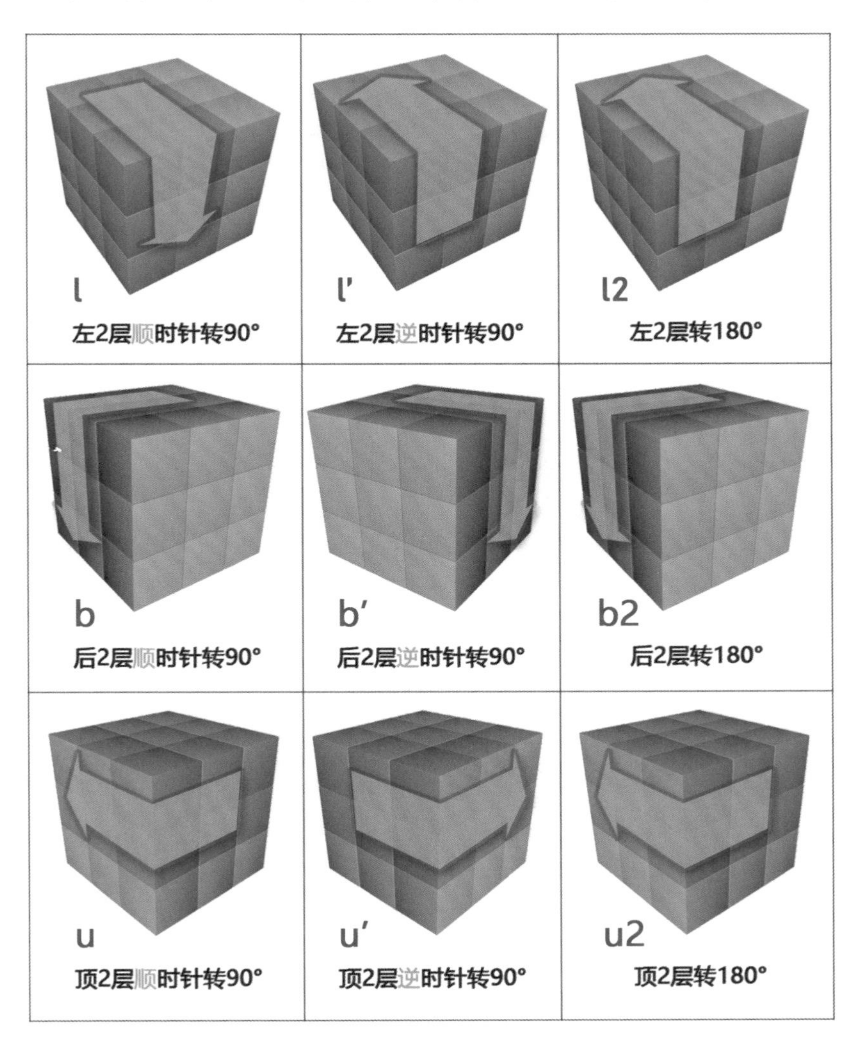

## 公式字母说明

90° 表示转一下，180° 表示转两下；转 180° 的时候顺逆都是一样的效果。

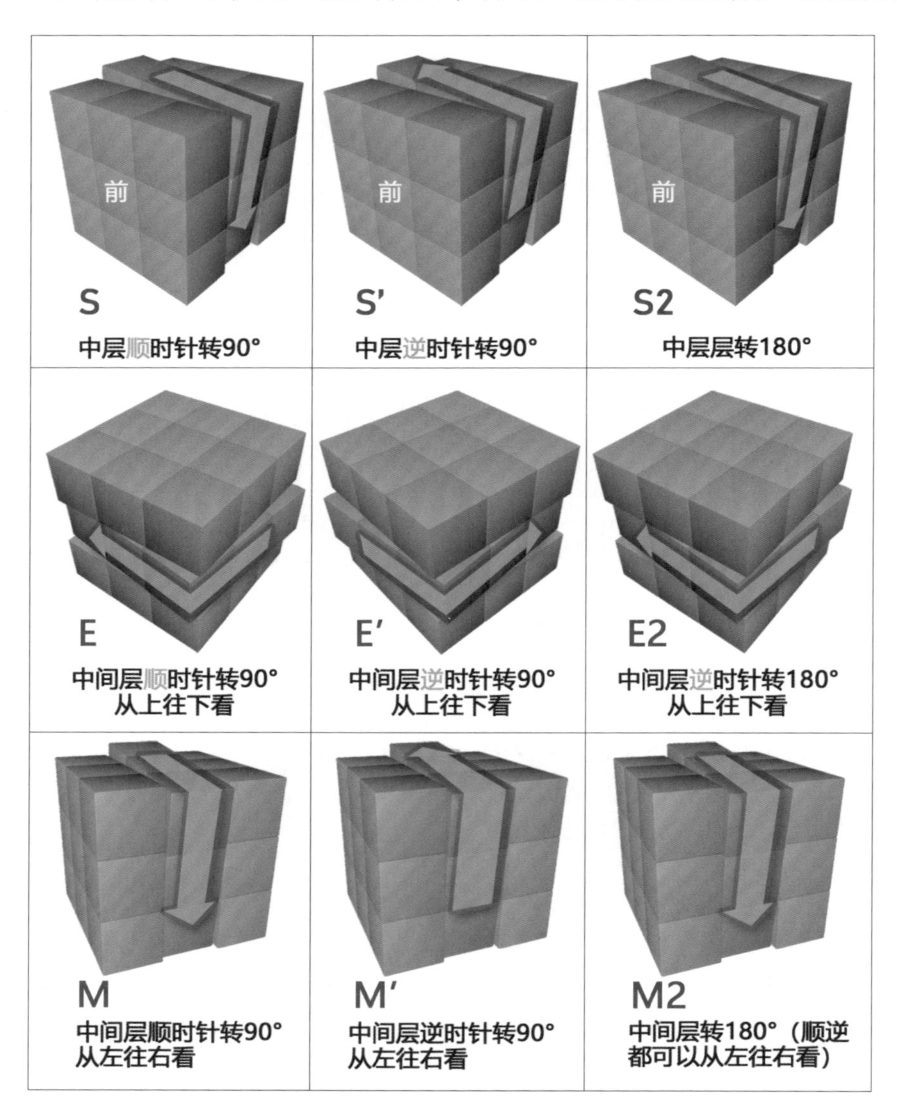

# 常见术语汇总

| | |
|---|---|
| WCA<br>World Cube Association<br>（世界魔方协会） | POP<br>POP up 的缩写，魔方在复原过程中，棱块、角块等零件脱离飞出 |
| DNF<br>Did Not Finish 的缩写，表示魔方未完成复原 | SUB<br>Subtraction 的缩写，这里指“在 XX 秒以下”。如 Sub20 指还原时间在 20 秒以下 |
| DNS<br>Did Not Start 的缩写，表示魔方未开始复原 | WR<br>世界纪录（例如 WR2，指世界第 2） |
| PB<br>Personal Best 的缩写，个人魔方还原最快时间 | NR<br>国家 / 地区纪录 |
| SOR<br>Sum of Ranks 的缩写，排名总和 | CR<br>洲纪录 |
| Single<br>单次成绩 | ASR<br>亚洲纪录 |
| Average<br>平均成绩 | |

# 花式大全

U2 L2 F2 U’B2 DRF’RF’RF’D’B2 U’ 大小魔方

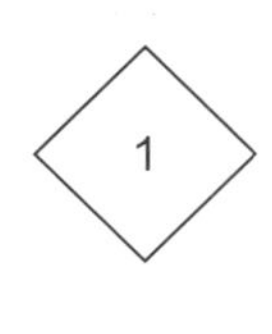


FD2 L2 BDB’F2 U’FUF2 U2 F’LDF’U 大中小魔方

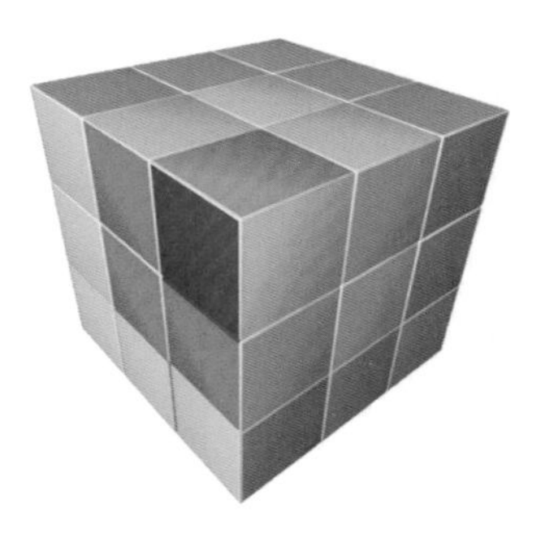

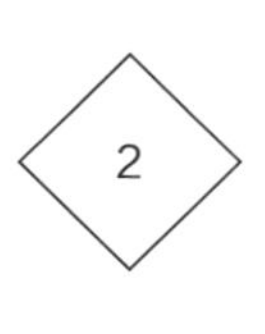


R2 F2 B2 L2 UF2 R2L2 B2 D’ 桌子花式

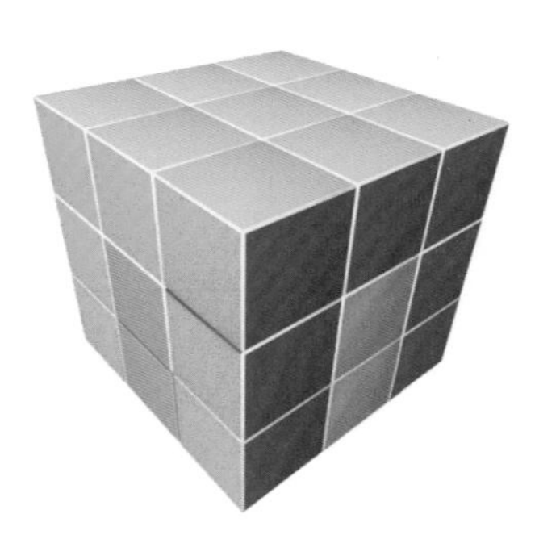

3

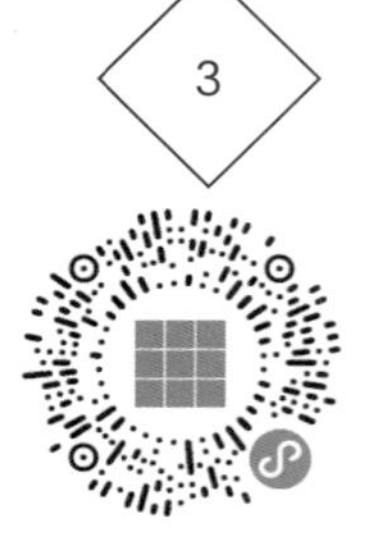

## U R2 L2 U D' F2 B2 D' 四面回字

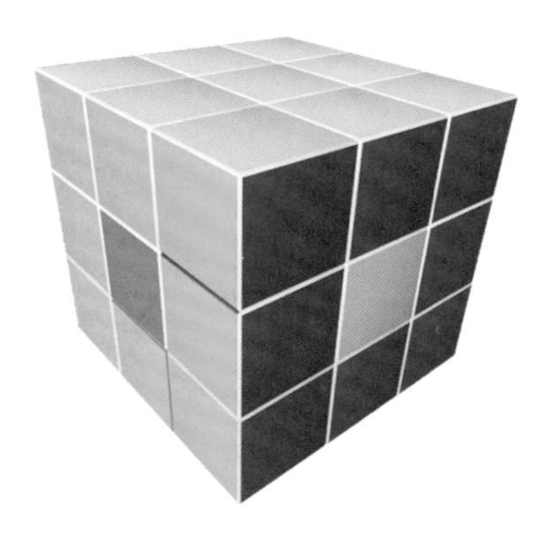

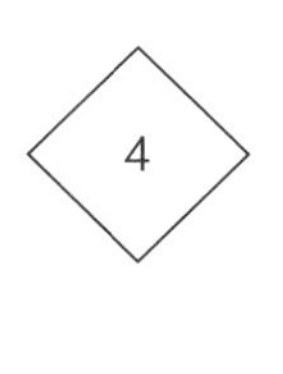


## D2 R L U2 R2 L2 U2 R L 四面 V Y

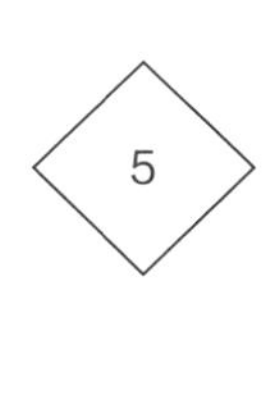


## B2 R2 D2 U2 F2 L R' U2 L' R' CCTV

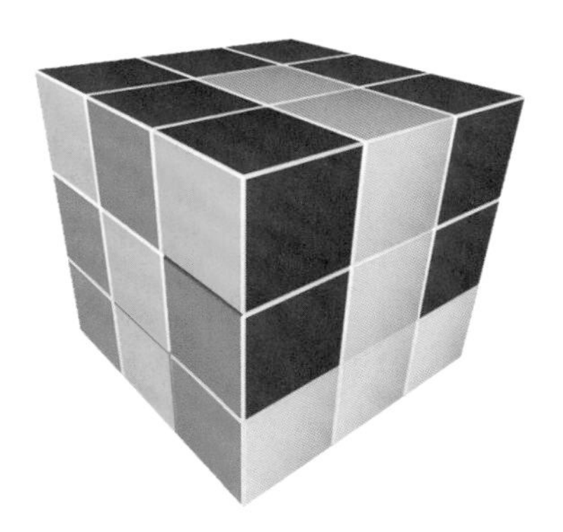

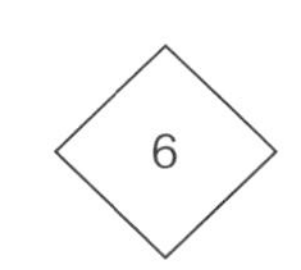


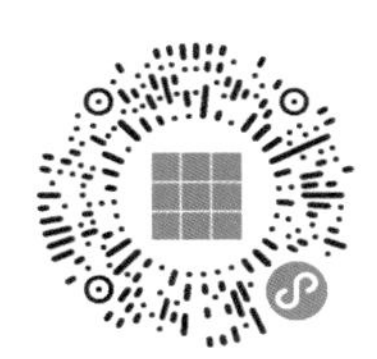

B2 F L2 R2 D2 B2 F2 L2 R2 U2 F　六面十字

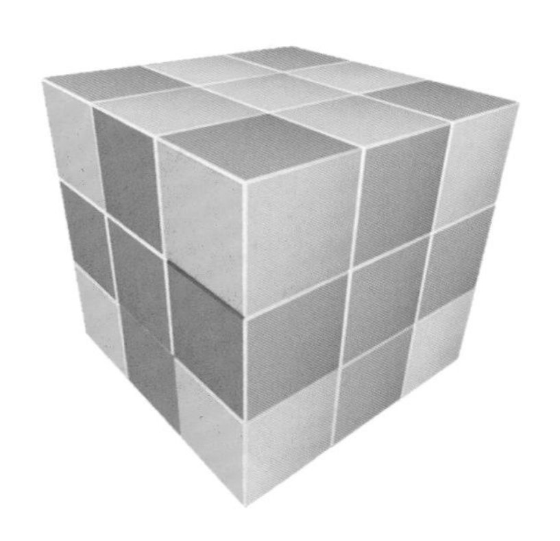

M' E M E'　六面回字

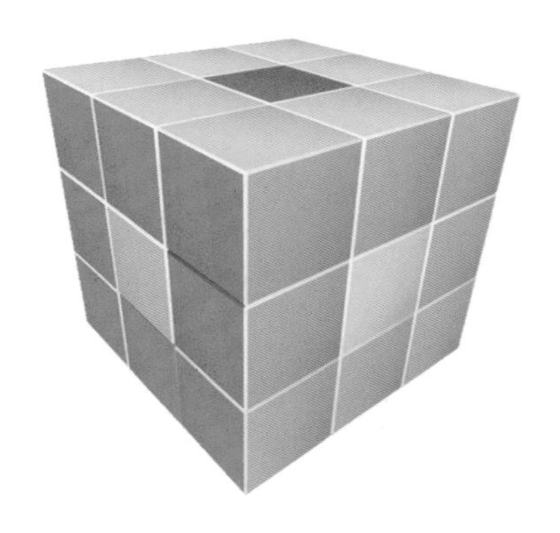

D F2 R2 F2 D' U R2 F2 R2 U'　四面十字

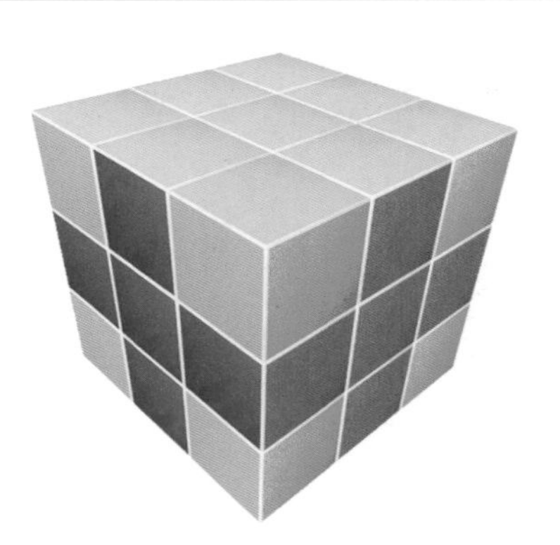

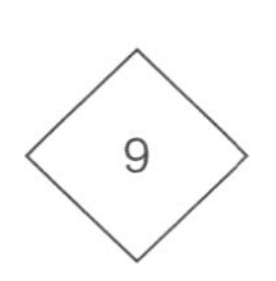


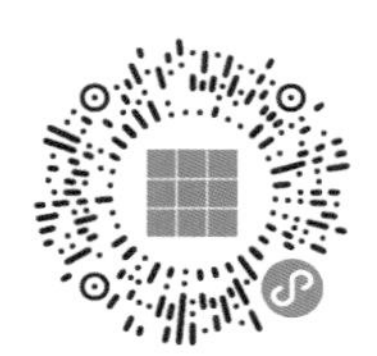

## L2 D’ F2 D B D LF R’U’R’D’ F L2 B F2 L 六色十字

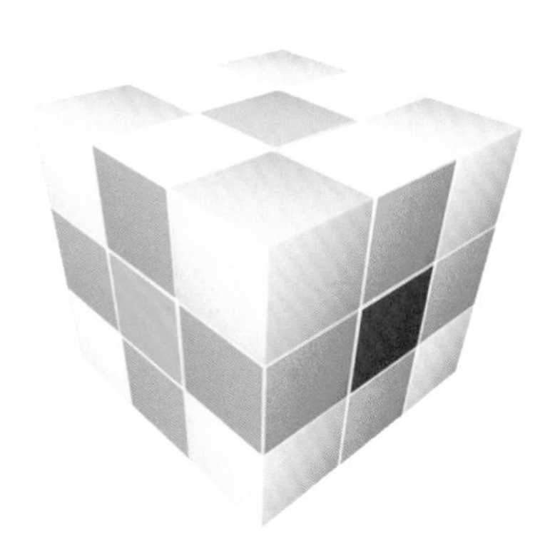

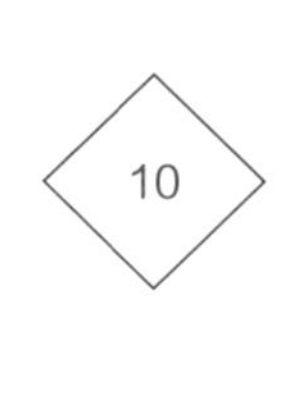


## F2 U2 F2 B2 U2 F B 六面彩条

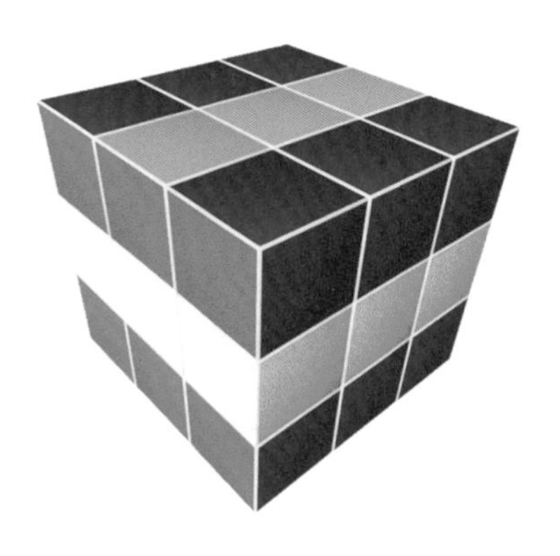

## F2 L’ R B2 U2 L R’ D2 六面凹字

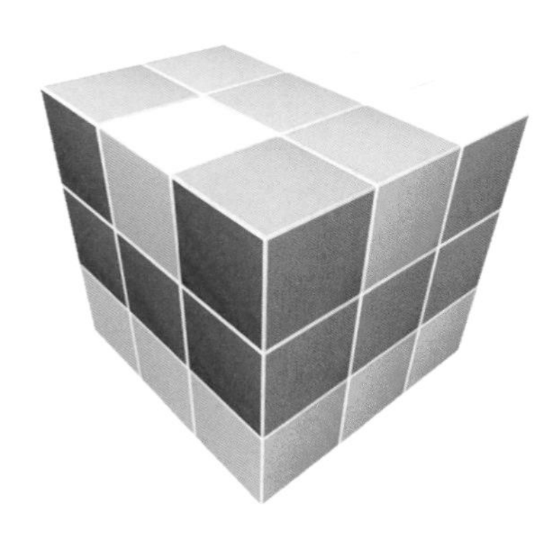

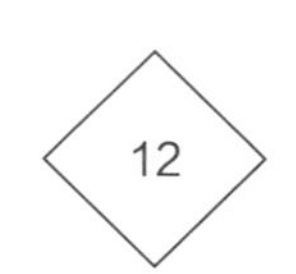

L2 R2 F2 B2 U2 D2　　对称棋盘

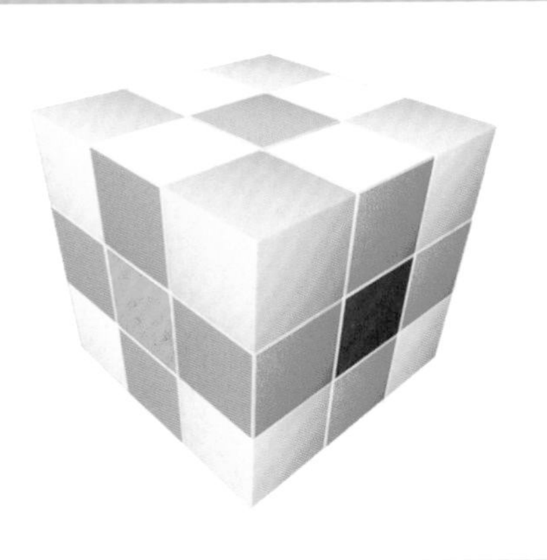

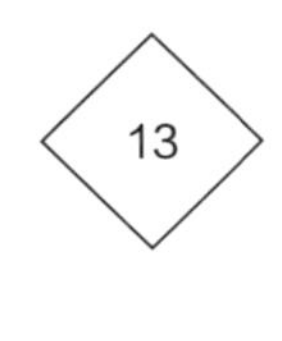


(M2U2)2 (S2U2)2 M’U2 M2U2 M’　　六面工字

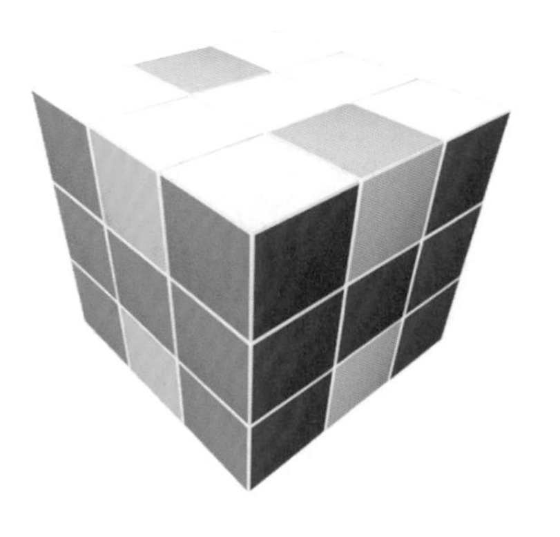

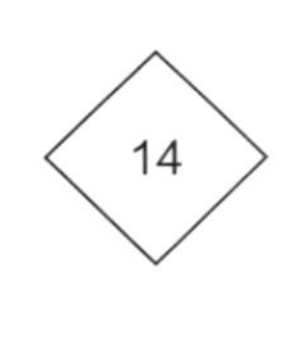


D F2 U’ BF’ LR’ D L2 U’ B R2 B’ U L2 U’　　六面 Q 字

D2L2DR2 UB2U2 BR'B'DB2 R'F R2 F'UR' 六面J字

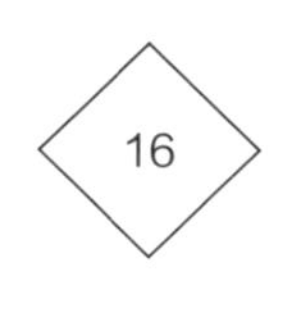


L R U D F' B' L R 六面L字

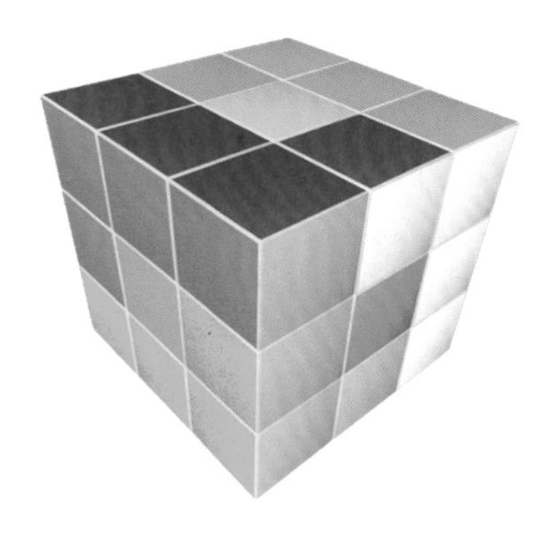

D' U B D' L' R F D' B' D' U L 六面CU

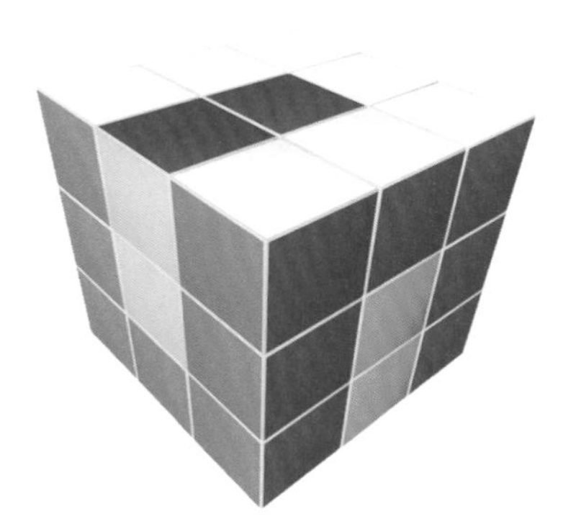

B2 D2 L R’ D2 B2 L R’ 六面T字

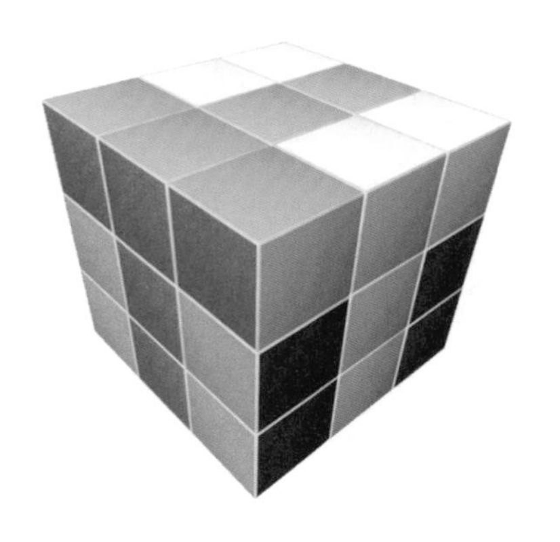

B F D U L2 D U’ B F’ 四面L字

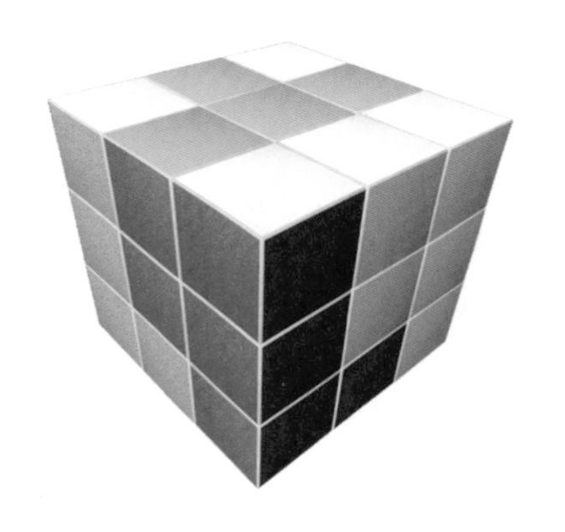

BL2U2L2 B’F’ U2 R’BF R2 D’LR’D’URF’ 六面斜线

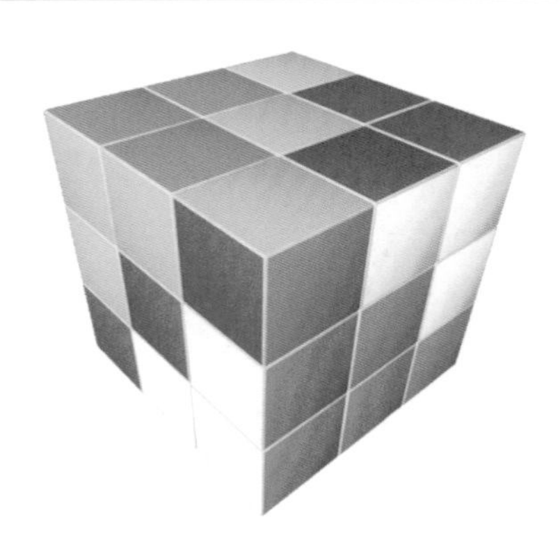

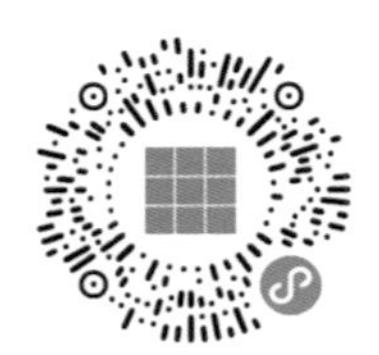

# 花式玩法大全

四色回字公式　B2 L R B L2 B F D U’ B F R2 F’ L R
循环棋盘公式　D2 F2 U’ B2 F2 L2 R2 D R’ B F D’ U L R D2 U2 F’ U2
六面十字公式　B2 F’ L2 R2 D2 B2 F2 L2 R2 U2 F’
四面十字公式　D F2 R2 F2 D’ U R2 F2 R2 U’
双色十字公式　U’ D F’ B L R’ U’ D L2 R2 F2 B2 U2 D2
三色十字公式　B F’ L2 R2 U D’
六面彩条公式　F2 U2 F2 B2 U2 F B
六面三条公式　(U2 L2) 3 (U2 R2)3 U D L2 R2
六面 CU 公式　D’ U B D’ L’ R F D’ B’ D’ U L
六面凹字公式　F2 L’ R B2 U2 L R’ D2
六面凹字公式　U D L2 F2 U D’ B2 R2 D2
六面 J 字公式　D2 L2 D R2 U B2 U2 B R’ B’ D B2 R’ F R2 F’ U R’
六面彩 E 公式　F2 R2 F2 U’ R’ B2 F L R’ U L’ R U B U2 F2 D’ U’
六面 T 字公式　U2 F2 R2 D U’ L2 B2 D U
四面 Z 字公式　(F B R L) 3 (U D’)2
四面 I 字公式　R2 F2 R2 L2 F2 L2
四面 L 字公式　B F D U L2 D U’ B F’
CTV 公式一　B2 R2 D2 U2 F2 L R’ U2 L’ R’
四色十字公式　U2 R B D B F’ L’ U’ B F’ L F L’ R D U2 F’ R’ U2
五彩十字公式　L2 D’ F2 D B D L F R’ U’ R’ D’ F L2 B F2 L
六面皇后公式　R2 B2 U2 L2 B2 U2 F2 L2 D L’ R F L2 F’ U’ D L
六面五色公式　U B2 L2 B F’ U F’ D2 L D2 F D R2 F2 R’ B’ U’ R’
六面六色公式　D2 U2 L2 B R2 D’ L2 R2 D2 B2 F2 U’ R2 B’ R2
CTV 公式二　L2 B2 R2 D2 R2 F2 U2 F2 R2 U2 R2
六面斜线公式　B L2 U2 L2 B’ F’ U2 R’ B F R2 D’ L R’ D’ U R F’

四面斜线公式　F B L R F B L R F B L R

六面凸字公式　F2 R F2 R’ U2 F2 L U2 B2 U2 F’ U2 R D’ B2 D F’ D2 R F

彩带魔方公式　D2 L’ U2 F L2 D2 U R2 D L2 B’ L2 U L D’ R2 U’

六面鱼形公式　L2 D B2 U R2 B2 D L’ B2 F’ D’ U R’ D2 R’ B2 F’ U’ F’